Arnaud Stéphane R. Tapsoba

Bovinos da África Ocidental: diversidade e estrutura genética

Arnaud Stéphane R. Tapsoba

Bovinos da África Ocidental: diversidade e estrutura genética

Caracterização e estrutura genética dos bovinos da África Ocidental

ScienciaScripts

Imprint

Cover image: www.ingimage.com

This book is a translation from the original published under ISBN 978-620-6-72271-7.

Publisher:
Sciencia Scripts
is a trademark of
Dodo Books Indian Ocean Ltd. and OmniScriptum S.R.L publishing group

120 High Road, East Finchley, London, N2 9ED, United Kingdom
Str. Armeneasca 28/1, office 1, Chisinau MD-2012, Republic of Moldova, Europe
Printed at: see last page
ISBN: 978-620-8-19832-9

Conteúdo

DEDICAÇÃO

Eu morri com este livro:

Ao Deus eterno

Obrigado Senhor por todas as graças régias. Obrigado Senhor por me ter poЛë nos momentos de dëtresse. Obrigado por todos os momentos de alegria. Porque a estrada ainda está muito longe, oh! Senhor "segura a minha mão sobre o caminho". Teu é o reino, o poder e a glória para siëcles e siëcles. Amém.

Ao meu pai,

Obrigado pai pela minha educação. Obrigado pelo teu rigor. Desde tenra idade, ensinaste-me a trabalhar bem e a perseverar. Contigo aprendi que nada é garantido na vida e que viver é saber enfrentar os momentos negros da vida com coragem e determinação.

Para a minha mãe

Para ti, a primeira mulher da minha vida, mãe, obrigado pelo teu amor e pela tua ternura. Obrigado pela dádiva da vida. Obrigado por todas as vezes que chegaste a casa cansada e mesmo assim me ajudaste a preparar as minhas composições. Obrigado por teres aturado os meus caprichos e a minha impaciência durante todos estes anos. Os teus conselhos guiaram-me ao longo dos meus estudos. Que este trabalho seja o culminar de todos os vossos sacrifícios e esforços.

RESUMO

A África Ocidental caracteriza-se pela existência de uma importante diversidade zoo gënëtica caracterizada pela presença de taurinos tripanotolerantes (*Bos taurus*). No entanto, a introdução do Zebu (*Bos indicus*) no continente alterou profundamente a composição genética das raças locais, nomeadamente dos touros. O objetivo geral é efetuar uma caraterização zootécnica e molecular das raças bovinas do Burkina Faso em comparação com as de certos países da África Ocidental. Mais especificamente, o objetivo será (i) utilizar dados morfológicos para inferir fluxos genéticos entre tipos de gado no Burkina Faso, (ii) determinar os níveis de diversidade e introgressão das populações taurinas no Burkina Faso e (iii) avaliar a estrutura genética das raças da África Ocidental, incluindo as do Burkina Faso. A amostragem para a caraterização morfológica foi efectuada nas províncias de Sanguie, Nahouri e Poni para os touros e nas províncias de Oudalan e Soum para os zebus. Os resultados da caraterização morfológica mostraram uma forte estruturação das populações taurinas nas regiões Sudoeste, Centro-Oeste e Centro-Sul em 2014. A análise discriminante linear utilizada para fins de classificação e para estimar os fluxos genéticos prováveis mostrou que, em 2014, 97,69%, 100% e 98,7% dos touros Gourounsi das regiões de Nahouri, Sanguie e Poni, respetivamente, estavam bem classificados na sua população de origem. Em contrapartida, em 2018, foi observado um forte sinal de homogeneização nas populações de touros Gourounsi. A PCA revelou uma diferenciação entre Gourounsi e Lobi. O estudo molecular das raças de touros no Burkina revelou igualmente a proximidade entre as subpopulações de touros Gourounsi e o seu elevado nível de introgressão pelo Zebu (entre 20 e 50%). No entanto, existe diversidade genética no seio destas populações, sendo a heterozigotia média observada de 0,64, 0,7 e 0,58 nos taurinos Gourounsi de Nahouri e Sanguie e Lobi de Poni, respetivamente, enquanto a heterozigotia global esperada era de 0,67 (Gourounsi Nahouri); 0,71 (Gourounsi Sanguie) e 0,6 (Lobi). À semelhança do estudo morfológico, a avaliação molecular revelou pouca diferenciação entre as subpopulações taurinas de Gourounsi, com 2% das diferenças atribuídas a diferenças entre as subpopulações. A forte introgressão de taurinos da África Ocidental por gdnes zebuínos foi detectada no segundo estudo molecular, que analisou 12 populações bovinas (Burkina Faso, Benim, Níger e Mali).

Palavras-chave: *Morfologia biométrica, fluxo genético, introgressão, taurinos, zebuínos*

INTRODUÇÃO

O gado da África Ocidental é caracterizado por uma grande diversidade, uma vez que inclui taurinos (*Bos taurus*), zëbuses (*Bos indicus*), bem como numerosos tipos intermédios resultantes de cruzamentos mais ou menos antigos e extensos, ligados às migrações humanas e à pastorícia. Os zëbus ocupam as regiões mais secas, como o Sahel, enquanto os taurinos se encontram nas zonas mais húmidas, infestadas pelas moscas tsé-tsé, ou "tsë-tsë", os principais vectores dos tripanossomas (Lhoste 1991). Estas taurinas são, de facto, trvpanotolerantes, o que constitui uma verdadeira vantagem para estas zonas, dada a dificuldade de desenvolver uma vacina e as desvantagens do controlo químico. Segundo Epstein (1971), os primeiros bovinos domésticos plantados em África eram animais sem corcova e de chifres longos. Este grupo é representado por tipos díspares com nomes diferentes (Bakosi, Baoule, Lagunaire, Muturu, Nuba, Somba) e inclui também variantes regionais. Os zebuínos representam uma terceira contribuição, mais tardia. Trata-se de animais com uma corcunda torácica, cuja introdução em África parece ter começado por volta do século IV d.C. e cuja difusão se intensificou após a invasão árabe (669 d.C.). Estes diferentes tipos genéticos encontravam-se amplamente misturados em certas zonas. Segundo Epstein (1971), todos os bovinos africanos provêm da mesma região de origem, o sudoeste asiático. Os touros de chifres longos foram domesticados pela primeira vez no início do quinto milénio a.C., provavelmente na Mesopotâmia, a partir da população local de raças selvagens. Foi então a partir destes taurinos de chifres longos que foram selecionados os taurinos de chifres curtos, provavelmente em Elam, durante o quarto milénio a.C., bem como os zebus, a partir do mesmo período, possivelmente na estepe semi-árida que confina com o leste do Grande Deserto Sujo do Irão. No entanto, os trabalhos de Loftus *et al* (1994) sobre o ADN mitocondrial dos bovinos tendem a pôr em causa a teoria de Epstein sobre a origem dos zebus. De facto, a análise das diferenças de sequência observadas entre o ADN mitocondrial dos taurinos e o dos zebus indianos sugere que o processo de divergência entre estes dois tipos de ADN data de há pelo menos 200 000 anos, sendo portanto anterior ao período neolítico de domesticação. Isto significaria que *o Bos taurus* e *o Bos indicus* teriam sido domesticados a partir de duas populações selvagens distintas, com o lar original dos zebus possivelmente no atual Paquistão. Curiosamente, todos os zebus africanos parecem possuir tanto o cromossoma Y acrocêntrico do zebu como o tipo de ADN mitocondrial do taurino, sugerindo que a introdução dos genes do zebu em África foi essencialmente masculina (Lhoste, 1991). Além disso, depois de identificar alelos de microssatélites específicos do zëbu indiano (alelos ausentes nos touros europeus), MacHugh *et al.* (1997) verificaram que a frequência relativa destes alelos nas populações zëbu africanas aumentava de leste para oeste, o que parece refletir o gradiente de introdução do zëbu indiano nas populações de touros pré-existentes. Todos estes resultados confirmam que a colonização bovina de África, primeiro por taurinos de chifre longo, depois por taurinos de chifre curto e, finalmente, por zebus, foi um processo altamente complexo.

As populações bovinas africanas foram objeto de várias descrições e inventários, notavelmente resumidos na monografia de Epstein (1971), bem como de numerosos estudos de natureza zootécnica. No entanto, as informações potenciais fornecidas pelas medições morfo-biométricas ainda não foram totalmente exploradas. Os trabalhos realizados na sub-região com parâmetros morfológicos permitiram caraterizar algumas raças bovinas da África Ocidental, mas não evidenciaram as prováveis relações genéticas que podem existir entre as diferentes populações bovinas estudadas (Traore *et al.*, 2016; Grema *et al.*, 2017). O objetivo deste estudo é (1) estabelecer, através de medições morfológicas, os diferentes fluxos genéticos que podem existir entre as diferentes raças de touros do Burkina Faso; (2) estabelecer os níveis de diversidade genética e de introgressão das populações de touros do Burkina Faso; e (3) avaliar a estrutura genética das raças da África Ocidental, incluindo as do Burkina Faso.

Esta tese está dividida em quatro capítulos. O capítulo I faz uma revisão da literatura e dos diferentes instrumentos e métodos de caraterização fenotípica e molecular, das caraterísticas etnológicas e zootécnicas das raças bovinas locais e importadas do Burkina Faso e dos diferentes sistemas de produção, bem como da história evolutiva da família *Bovidae.* O capítulo II descreve o equipamento e os métodos utilizados para a caraterização fenotípica e molecular das raças bovinas locais do Burkina Faso. O Capítulo III descreve os resultados e o Capítulo IV apresenta a discussão, as conclusões e as perspectivas.

CAPÍTULO I

REVISÃO BIBLIOGRÁFICA

1.1. Origem e domesticação dos bovinos

Pensa-se que *o Bosprimigenius* tenha surgido no Pleistoceno numa região que se estende do Turquestão à Índia e à Arábia (Magin *et al.*, 2008). Os seus fósseis são mais numerosos na região de Siwalik, na Índia. A partir daí, espalhou-se pela região euro-asiática e pelo Norte de África no final da Grande Idade do Gelo, há 250 000 anos, adoptando numerosas formas locais que podem ser agrupadas em dois tipos: o *Bos primigenius namadicus* indiano, origem do zebu, e o *Bos primigenius* ocidental, origem do gado doméstico. A forma africana, *Bos primigenius opisthonomus/mauretanicus/africanus*, está ligada a este último ramo (Guintard *et al.*, 2008) da domesticação (Edwards *et al.*, 2007). No entanto, a análise das sequências da região completa do D-loop e de uma destas regiões hipervariáveis de várias raças africanas, europeias e asiáticas revela duas linhas distintas, uma que agrupa os bovinos africanos (taurinos e zebus) e a outra apenas os bovinos asiáticos (zebus) (Edwards *et al.*, 2007).

A origem e a história do gado africano parecem ser complexas, uma vez que as raças locais são frequentemente o resultado de um vasto contexto de movimentos nómadas, migrações pastoris e introduções sucessivas de animais asiáticos. Em África, as primeiras raças bovinas autóctones são consideradas exclusivamente taurinas. Pensa-se que estas populações taurinas resultaram de sucessivas migrações pastoris do Próximo Oriente (MacHugh *et al.*, 1997). Descobertas tirclieológicas recentes sugerem que a forma africana do Aurochs (*Bosprimigenius opisthonomus)* foi domesticada independentemente no continente africano (Wendorf e Schild, 1994; MacHugh *et al.*, 1997). Esta sugestão parece ser confirmada, por um lado, pelas análises do mtDNA que revelam duas origens distintas de domesticação entre taurinos africanos e europeus (Bradley *et al.*, 1996); e, por outro lado, pela análise das distâncias genéticas a partir de dados de microssatélites, que indica que os conjuntos de gëne dos taurinos africanos e asiáticos divergiram há cerca de 150 000 a 250 000 anos (MacHugh *et al.*, 1997). Além disso, pensa-se que os zebus africanos contemporâneos resultaram de um cruzamento antigo entre os primeiros zebus introduzidos no continente africano (através do comércio e da migração entre o Crescente Fértil e o subcontinente indiano) e as populações taurinas indígenas (Bradley *et al.*, 1994). A partir daí, espalharam-se através das migrações árabes para o norte e leste de África (Esptein, 1971). Segundo MacHugh *et al* (1997), o haplótipo zebuíno do cromossoma Y pode ter atingido frequências elevadas em raças classificadas como taurinas puras. Além disso, a análise de loci de microssatélites em raças de zebuínos africanos, incluindo o zebu Gobra e o zebu Maure (Senegal), zebuínos asiáticos, taurinos africanos, incluindo a raça N'Dama (Senegal, Gâmbia, Guiné-Bissau e Guiné-Bissau), e raças taurinas africanas (Senegal, Gâmbia, Guiné-Bissau e Guiné-Bissau) demonstrou que o haplótipo do cromossoma Y do zebu tem uma frequência elevada.

(magro) e toureiros e'uropeus, uma r^ëlë 1 gënëtic introgressão de zëbus africanos em populações de toureiros da África Ocidental através da presença de aliados zëbu de diagnóstico. A frequência destes aliados específicos do zëbu nas populações tauromáquicas segue um gradiente crescente do norte para o sul da África Ocidental (MacHugh *et al.*, 1997).

1.2. História evolutiva da família *Bovidae* (*Artiodactyla, Mammalia*)

Os bovinos em sentido estrito são animais do género *Bos,* que deu o seu nome à família *Bovidae* (Gray, 1821) ou ruminantes "carnívoros". Incluem não só a subespécie taurina "*Bos taurus"*, (Linnaeus, 1758), mas também o zebu *"Bos taurus indicus"*, (Linnaeus, 1758), o iaque *"Bos grunniens"*, (Linnaeus, 1758), o gayal ou gaur *"Bos frontalis"* e o bateng *"Bos javanicus"*, (Guintard *et al.*, 2008). Num sentido mais lato, podem referir-se a animais pertencentes à subfamília *Bovinae*. Num sentido restritivo, a palavra bovino pode por vezes referir-se apenas ao gado bovino (*Bos taurus*) e excluir o búfalo, o iaque, etc. (Guintard al., 2008). A família *Bovidae* (*Cetartiodactyla, Mammalia*) é uma das mais diversas dos grandes mamíferos, com quase 140 espécies atualmente reconhecidas (Guintard *et al.*, 2008).

1.2.1. Evolução filética dos Bovidae (*Artiodactyla, Mammalia*)

A análise filogCnCtica realizada em sequências de gënes ribossómicos (12S e 16S rRNA) mostra que os *Bovidae* formam um grupo parafilético com relações intertribais não robustas, contrariamente à maioria das análises em que são invocados passos evolutivos adicionais para satisfazer a monofilia dos bovídeos (Gatesy *et al.*, 1992). Para além disso, vários estudos moleculares independentes também colocaram a hipótese desta parafilia dos bovídeos. A resolução da questão do monofiletismo nos *Bovidae* tem sido uma tarefa importante. Consequentemente, a estimativa do tempo de divergência das diferentes linhagens *de Bovidae* com base em substituições do tipo transversão (Tv) mostra que a primeira cladogénese, que ocorreu durante o Mioceno Inferior, há cerca de 20 milhões de anos, produziu dois grandes grupos de *Bovidae*: os *Bovinae* (*Bovini*, *Boselaphini* e *Tragelaphini*) e os *Antilopinae* (todas as outras tribos existentes), que evoluíram na Eurásia e em África, respetivamente. Isto sugere que os *Bovinae* e *os Antilopinae* sofreram uma radiação tribal rápida e contemporânea no Mioceno Médio, dando origem a quatro linhas *Bovinae* (há cerca de 12-14,3 milhões de anos) e seis linhas *Antilopinae* (há 13,6-15,3 milhões de anos). Esta divisão da família *Bovidae* em dois clados principais (bovino e não bovino) foi demonstrada por Arif *et al.* (2012) através do estudo da informação filogenética fornecida por vários 5

genes mitocondriais (12S rRNA, 16S rRNA, COI, Cyt-B e D-loop) em comparação com a do ADN mitocondrial completo. Além disso, as principais fases de involução nos *Bovidae* foram demonstradas por comparações de sequências do citocromo B, e como evidenciado por dados paleontológicos que mostram que os diferentes grupos de Bovidës passaram por várias migrações entre a África e a Eurásia. Como resultado, a família *Bovidae* provou ser monoplivilética, com dois clados principais: os *Bovinae* e os *Antilopinae*. Dois períodos contemporâneos de cladogénese parecem ter ocorrido durante o Mioceno Médio, dando origem à maioria das tribos existentes, que sofreram uma radiação subsequente no final do Mioceno Inferior/Plioceno (Hassanin e Douzery, 1999).

1.2.2. Evolução filética dos *Bovinae* e suas tribos (*Artiodactyla, Bovidae*)

Dados fósseis sugerem uma origem comum no Sul da Ásia para a subfamília *Bovinae*. A tribo de mamíferos *Bovini* (subfamília *Bovinae*, família *Bovidae*) contém as espécies domesticadas mais importantes do mundo. Os vários processos de domesticação destes animais estão entre os avanços mais significativos da transição neolítica. Com um sistema digestivo especializado, estas espécies podem utilizar a celulose como fonte de energia, com vantagens para a produção de leite, carne e peles (Lenstra e Bradley, 1999). A divisão dos *Bovinae* deu origem a três tribos principais (Quadro I). A primeira representa dois clados dos *Bovini* e as outras duas os dos *Boselaphini* e *Tragelaphini*. Os representantes destas duas últimas tribos são caçados principalmente pela sua carne e pele.

A análise das relações filogenéticas da tribo *Bovini* e a evidência de polimorfismos antigos inferidos a partir das sequências de genes do núcleo em relação a QTLs envolvidos na produção de leite (localizados nos cromossomas 1, 2, 4 e 9) mostraram uma associação entre

membros das subtribos *Bovinae* com forte divergência da maioria das linhas. A estimativa dos tempos de divergência utilizando um relógio molecular relaxado (calibrado a partir de fósseis de bisontes e iaques, há 2 e 1,7 milhões de anos, respetivamente), mostra que os outros membros da tribo *Bovini* divergiram de *Bos taurus* há cerca de 2-3 milhões de anos. A subtribo Bubalina divergiu de *Bos taurus* há cerca de 5-9 milhões de anos. Estas divergências enquadram-se bem nas reconstruções filogenéticas derivadas do modelo de Kimura de 2 parâmetros e do algoritmo NeighborJoining, de acordo com as distâncias p, revelando uma separação das subtribos Bubalina e Bovina, bem como dos géneros *Bubalus* e *Syncerus*. O agrupamento genético entre o iaque, o *bisonte* e *o Bos taurus* pode explicar a semelhança observada entre o *bisonte* europeu e *o Bos taurus.*
(MacEachern *et al.*, 2009). Outros estudos também permitiram inferir que *Bison* e *Bos* estão intimamente relacionados com *Bubalus*, tal como confirmado por análises morfológicas, paleontológicas e reprodutivas (Arif *et al.*, 2012). De acordo com MacEachern *et al.* (2009), a presença de haplótipos idênticos entre outros representantes da subtribo Bovina e o gado doméstico poderia resultar de um antigo fluxo de gënes entre estes animais antes de ocorrer o isolamento reprodutivo. No entanto, o grau de semelhança detetado entre o iaque e o gado doméstico em sítios variáveis, outliers e haplótipos sugere que poderá ter ocorrido hibridação entre estas espécies (MacEachern *et al.*, 2009).

1.2.3. Evolução filética das subespécies taurinas e zebuínas (*Bovidae, Bovinae*)

Bos taurus (Linnaeus, 1758) ou *Bosprimigenius taurus* é o nome científico dado a todos os bovinos domésticos do mundo antigo derivados das várias subespécies de *Bos primigenius*, o Auroque selvagem. Este último era um animal de grande porte que vivia no Norte de África e na Eurásia, desde o Atlântico até à costa do Pacífico. No entanto, está extinto na Europa desde 1626 e, posteriormente, noutros continentes. Existem duas subespécies principais: *Bos taurus* (taurinos) e *Bos indicus* (zebus). Assim, para um zoólogo, falar de gado implica falar de um ser pertencente ao reino animal, ao filo Chordes, ao subfilo Vertebras, à classe Mammifëres, a l'ordre des Artiodactyles, a la famille des *Bovidae*, a la sous-famille des *Bovinae*, au genre *Bos*, a l'espëce *taurus* et aux sous-espëces *Bos taurus* et *Bos taurus indicus* (Linnaeus, 1758).
A análise do polimorfismo da sequência do ADNmt e dos microssatélites (Loftus *et al.*, 1994; MacHugh *et al.*, 1997) revelou que os antepassados dos taurinos e dos zebus divergiram há cerca de centenas de milhares de anos e devem, portanto, ter resultado de pelo menos dois eventos de domesticação biologicamente independentes. Por outras palavras, os tempos de divergência estimados indicam uma separação das duas linhagens de bovinos de cerca de 2,0 ± 0,14 milhões de anos (com base nas sequências de nucleótidos) e de 1,7 ± 0,50 milhões de anos (com base nas sequências de aminoácidos). Estes dois tipos de bovinos são atualmente classificados como subespécies e diferiam primitivamente na presença ou ausência de uma corcunda. Além disso, estas duas subespécies hibridizam-se facilmente, produzindo descendência fértil na sua totalidade (Hiendleder *et al.*, 2008). A análise do ADN mitocondrial completo destas duas subespécies mostra que a sequência de *Bos taurus* A (antiga referência) determinada por Anderson *et al.* (1982) difere da de *Bos taurus* H (nova referência) em 11 posições nucleotídicas e da de *Bos indicus* H (nova referência) em 237 nucleótidos (Hiendleder *et al.*, 2008). O número de substituições não sinónimas neste último é semelhante ao observado em comparações interespecíficas do mtDNA do rato e do homem, e

que representam pontos focais na sua gënëalogia. Dadas estas ocorrências, é suportada a hipótese de que as diferenças observadas ao nível do дёпоте mitocondrial, entre *Bos taurus* e

Bos indicus, reflectiriam as observadas no seu phënotype (Hiendleder *et al.*, 2008).

1.3. Métodos de caraterização genética e marcadores

Historicamente, os primeiros esforços para caraterizar as populações animais centraram-se na descrição da variabilidade fenotípica (Sokouri *et al.*, 2007). No entanto, nas últimas décadas, as ferramentas de investigação do polimorfismo nos recursos animais tornaram-se muito mais diversificadas, destacando em particular o polimorfismo ao nível do ADN. A utilização de vários tipos de marcadores moleculares, combinada com abordagens metodológicas cada vez mais sofisticadas, tornou esta informação genética mais acessível em diferentes organismos.

1.3.1. Métodos de fenotipagem

A caraterização fenotípica dos recursos genéticos animais utiliza formulários de inquérito como instrumentos de investigação, permitindo um inventário dos diferentes tipos de gado, a sua descrição qualitativa e quantitativa, bem como uma descrição dos seus ambientes de produção.

1.3.1.1. Leilões

Os inquéritos são efectuados com o objetivo de recolher sistematicamente os dados necessários sobre os animais e o seu ambiente de produção, permitindo assim identificar e discriminar as raças bovinas em função das condições de criação. O conjunto de dados recolhidos sobre as raças animais diz geralmente respeito a: distribuição geográfica, observações fenotípicas, caraterísticas genéticas de produção e reprodução, utilização dos animais e caraterísticas dos meios de produção (Traore, 2010). Os dados sobre os animais recolhidos fornecem várias categorias de variáveis, incluindo informações de base, descritores fenotípicos e caraterísticas de importância económica. A maior parte desta informação é armazenada em bases de dados nacionais, regionais ou globais (Traore, 2010).

1.3.1.2. Descrição fenotípica

A descrição das raças animais utiliza os descritores definidos pela FAO (2011) para a caraterização fenotípica dos bovinos. Este método é amplamente utilizado em estudos de caraterização morfológica de recursos genéticos zoológicos animais (Sokouri *et al.*, 2007; N'Goran *et al.*, 2008; Coyral-Castel *et al.*, 2009). As observações fenotípicas mais frequentemente descritas são: presença ou ausência de corcova torácica e respetivo tamanho e forma; cores da pelagem, da pele, do focinho, das pálpebras, dos cornos e dos cascos; perfil da cabeça; presença ou ausência de cornos; orientação dos cornos; forma dos olhos, dos cornos e das orelhas; porte das orelhas; desenvolvimento da barbela, tamanho da cauda; padrões de pigmentação. Acrescem o sexo, o índice de condição corporal e a idade do animal, etc.

São utilizados diferentes descritores de aptidão leiteira para avaliar o desempenho das vacas em ëlevage. De acordo com N'Goran *et al* (2008), estes incluem: produção média de leite por dia, intervalo parto-parto, duração da lactação, idade ao primeiro parto e número de lactações. De acordo com Banik e Gandhi (2010), a melhor forma de avaliar o valor genético na reprodução é avaliar as caraterísticas genéticas transmitidas pelos antepassados femininos à sua descendência. Consequentemente, a avaliação do desempenho reprodutivo e produtivo utiliza o procedimento do Modelo Linear Generalizado (GLM) para estimar os efeitos de várias fontes genéticas e ambientais na variação de caraterísticas de importância económica (Flores *et al.*, 2007; Khodaei Motlagh *et al.*, 2013). Este modelo linear generalizado é utilizado para analisar os efeitos das variáveis independentes nas variáveis dependentes:

$Yij = \mu + Fi + Eij$

Yij = variáveis dependentes (produção diária de leite, intervalo parto-cobrição, duração da

lactação, idade ao primeiro parto, etc.) ;
ц = média da população ;
Fi = efeito da i-ésima variável independente fixa (ano de nascimento, ano e mês do parto, idade ao parto, época do parto, paridade ao parto, época de lactação, estádio de lactação, etc.);
Eij = erro aleatório associado à observação Yij.

Estes modelos consideram os seguintes parâmetros como factores ambientais fixos: ano de nascimento, ano e mês de parto, época de parto, idade ao parto, paridade ao parto, época de lactação, estádio de lactação; e como caraterísticas genéticas economicamente importantes: produção de leite por dia, duração da lactação, idade ao primeiro parto, intervalo parto-parto (Morammazi *et al.*, 2007; Banik e Gandhi, 2010; Khodaei Motlagh *et al.*, 2013).

1.3.2. Marcadores bioquímicos: alozimas

emeAs primeiras provas de variações bioquímicas foram fornecidas no início do século XX sobre os grupos sanguíneos ABO humanos. No entanto, só na década de 1960 é que foram efectuados os primeiros estudos destinados a compreender os processos evolutivos utilizando técnicas bioquímicas (Lewontin e Hubby, 1966).

Graças à técnica de eletroforese em gel, foi possível identificar variantes protéicas, e estes estudos tornaram-se desde então a ferramenta de eleição para investigar a variação bioquímica e fornecer os primeiros meios não tendenciosos de estimar a variabilidade do genoma. Ao estudar 13 aloenzimas (incluindo 11 loci de grupos sanguíneos), Grosclaude *et al* (1990) tentaram clarificar as relações genéticas entre 18 raças de gado francesas. Este estudo levou os autores a distinguir quatro (04) subconjuntos de raças, de acordo com dados históricos e geográficos. Do mesmo modo, Randi *et al* (1991) utilizaram a mesma técnica para estabelecer as relações evolutivas entre diferentes espécies dos géneros *Capra*, *Ovis* e *Rupicapra* (Artiodactylus, *Bovidae*).

Os primeiros estudos deste tipo no Burkina Faso remontam ao trabalho de Queval e Petit (1982) sobre o polimorfismo da hemoglobina em raças de bovinos tripanosensíveis e tripanotolerantes e seus cruzamentos.

Tal como os marcadores morfológicos, as principais limitações das alozimas são o pequeno número de loci susceptíveis de serem revelados e o facto de existir uma certa especificidade de órgão: nem todas as enzimas estão presentes ou activas em todos os órgãos (Rege, 1992).

1.3.3. Métodos moleculares de caraterização genética I.3.3.1. RFLP

O Polimorfismo de Comprimento de Fragmentos de Restrição (RFLP) é uma técnica de biologia molecular desenvolvida por Grodzicker *et al* em 1974. O princípio do RFLP baseia-se no polimorfismo do tamanho de fragmentos de ADN ligado a mutações moleculares (substituições de nucleótidos, inserção ou supressão de nucleótidos, rearranjo de sequências de nucleótidos) produzidas nos locais de restrição enzimática do fragmento de ADN de indivíduos de uma espécie. Na prática, após a extração, o ADN é submetido a uma ou mais enzimas de restrição ou endonucleases (Meselson e Yuan 1968; Arber e Linn 1969) que cortam a molécula de ADN de cadeia dupla em sítios específicos definidos por uma sequência de bases denominadas sítios de restrição. Estas enzimas de restrição reconhecem uma sequência de ADN muito curta de 4 a 6 nucleótidos, geralmente de cadeia dupla e normalmente palindrómica (idêntica em ambas as direcções de leitura). Qualquer mutação na sequência do sítio de restrição impede a enzima de atuar. Esta não-corte do ADN é detectada por uma variação do número e do comprimento dos fragmentos de ADN (fragmentos de restrição) obtidos após a digestão enzimática, seguida de separação por eletroforese e de visualização por hibridação com uma sonda radioactiva ou fluorescente. A principal vantagem desta técnica é o facto de permitir um acesso fácil a determinadas substituições nucleotídicas, que representam frequentemente um elevado nível de variação molecular. O número de alelos altera-se em função das mutações nucleotídicas nos fragmentos de genes. Em genética animal, a utilização deste método permitiu a elaboração de mapas genéticos em galinhas (Bitgood e Somes, 1993), suínos e bovinos (Gellin e Grosclaude, 1991), bem como a identificação de regiões do genoma envolvidas na variabilidade de caraterísticas quantitativas, também designadas por "QTL" (Quantitative Trait loci) em bovinos (Barendse *et al,* 1997), galinhas e ovelhas (Pinard-van der laan, 2000).

Desde o seu desenvolvimento, o RFLP tem sido amplamente utilizado para caraterizar populações animais. No entanto, esta técnica tornou-se quase obsoleta com o advento de tecnologias como a reação em cadeia da polimerase (PCR), que revolucionou a visualização do polimorfismo em marcadores moleculares, levando ao aparecimento de outras técnicas, incluindo a PCR-RFLP.

1.3.3.2. PCR-RFLP

A PCR é utilizada para amplificar uma região definida do genoma e, em seguida, aplicar a técnica RFLP ao produto da PCR. Este método, conhecido como PCR-RFLP, facilita a obtenção de marcadores codominantes e evita a etapa de hibridação e a utilização de sondas radioactivas. O produto da PCR digerido por uma (ou mais) enzimas de restrição é simplesmente colocado num gel de agarose e o polimorfismo na posição e no número de bandas é visualizado por uma reação colorida com brometo de etídio.

Este método tem sido utilizado para estudar o nível de diversidade em populações de mamíferos selvagens (Wolf et *al.,* 1999*),* moluscos (Fernandez-Tajes e Mendez , 2007) e mamíferos domésticos (Han et *al.,*2013).

A principal desvantagem das técnicas RFLP em geral é a possível existência de mutações nos locais de restrição, o que pode levar a resultados falsos devido à perda ou ganho de fragmentos de restrição. Além disso, o próprio princípio do RFLP baseia-se na utilização de uma quantidade muito pequena de material genético, o que significa que é necessário utilizar várias enzimas para identificar corretamente os indivíduos em estudo. A utilização de um número tão elevado de enzimas pode conduzir a matrizes complexas e de difícil interpretação. Para ultrapassar estes inconvenientes, foi desenvolvido um método baseado na seleção de um número limitado de enzimas de restrição: o AFLP.

1.3.3.3. AFLP

Esta técnica foi descrita pela primeira vez por Vos e colegas em 1995. Baseia-se na amplificação selectiva de fragmentos de restrição. Combina várias etapas, incluindo digestão enzimática e dois PCRs. Na primeira fase, o ADN gënómico é clivado por duas enzimas de restrição e, em seguida, adaptadores de sequências conhecidas e específicos para as enzimas de restrição utilizadas são adicionados às extremidades dos fragmentos. Uma primeira PCR, dita prësëlectiva, é realizada nos fragmentos obtidos utilizando primers específicos para os adaptadores. Um segundo PCR (amplificação selectiva) utiliza primers idênticos ao primeiro, mas prolongados na extremidade 3' por um a três nucteótidos; estes primers selectivos reduzem o número de fragmentos amplificados para cerca de cem. O produto final contém 50 a 100 fragmentos amplificados, que podem ser visualizados num gel de acrilamida desnaturante por radioatividade ou fluorescência. É possível observar o polimorfismo do tipo presença/ausência de bandas nas impressões gënërëes. Esta técnica permite detetar vários locais polimórficos por reação de PCR, correspondendo cada local a um locus único. É poderosa, estável, rápida e não requer conhecimento prévio das sëquências do ëtudië gënome

(Najimi *et al.*, 2003). Apesar de todas estas qualidades, a utilização desta técnica na genética animal continua a ser muito reduzida em comparação com a dos taxa botânicos. Durante um período retrospetivo de nove (09) anos (de 1995 a 2003), Benshc e Akesson (2005) identificaram apenas 115 estudos em mamíferos, aves e peixes, mas apenas 33% destes estudos eram em mamíferos domésticos, em comparação com 77% em plantas durante o mesmo período. A principal desvantagem continua a ser o facto de os marcadores gerados pelo AFLP serem dominantes; é, portanto, difícil diferenciar indivíduos hëtërozygous de indivíduos homozigotos. Este facto reduz o seu poder quando se analisam as estatísticas populacionais sobre a diversidade intrarracial e consanguínea. No entanto, os perfis AFLP são altamente informativos na avaliação das relações entre raças (Ajmone-Marsan *et al.*, 2002, De Marchi *etal.*, 2006) e espécies relacionadas (Ajmone-Marsan *etal.*, 2002), bem como na elaboração de mapas genéticos (Van Haeringen *et al.*, 2001). Entre outras coisas, esta técnica foi utilizada em estudos sobre a diferenciação de 51 raças bovinas europeias (Negrini *et al.*, 2006), na Bélgica, na caraterização de populações de camarões e no estabelecimento de um mapa genético parcial de coelhos (Van-Haeringen *et al.*, 2001).

A técnica AFLP revelou-se um instrumento muito valioso para o estudo das estruturas genéticas das populações animais e da sua diversidade. A sua elevada sensibilidade fornece mais informações sobre a variabilidade do que qualquer outra técnica molecular. No entanto, é muito dispendiosa em termos de consumíveis e reagentes de laboratório e exige a instalação de equipamento de análise de ponta que ainda não está acessível aos investigadores para a interpretação dos resultados. Os investigadores estão agora a recorrer a novos métodos.

1.3.3.4. RAPD

Este método consiste na amplificação por PCR de fragmentos de ADN gnómico utilizando iniciadores arbitrariamente curtos (10 pb) (Martin *et al.*, 1990). Estes primers curtos e inespecíficos ligam-se aleatoriamente a sequências homólogas encontradas no gënoma. Devido ao seu pequeno tamanho, o iniciador tem uma elevada probabilidade de hibridizar com sítios complementares próximos uns dos outros e em orientações inversas no ADN modelo. O DNA visado pelo RAPD é essencialmente DNA nuclear e, em particular, regiões rëpëtiactive (rëpëtëes). Para um determinado gënomo, pode haver um número de sítios de hibridação para este primer. Dentro de uma população, as mutaçőes influenciam os locais de ligação do primer. No final do RAPD, obtém-se um perfil multi-lócus. Os produtos de amplificação, visualizados em gel de agarose na presença de brometo de etídio, variam em comprimento e na natureza da sua sequência.

Esta técnica é reconhecida por ser simples, económica, rápida e não requer qualquer conhecimento prévio da sequência. Este facto tem justificado a sua utilização generalizada em estudos de caraterização de populações animais. Segundo Cushwa *et al* (1996), o RAPD é a melhor técnica de biologia molecular para estudar a variabilidade genética das populações animais. Em particular, esta técnica foi utilizada para caraterizar zebus na Tanzânia (Gwakiska *et al.*, 1994), onde foi possível demonstrar a introgressão de populações taurinas de N'dama por zebus. O RAPD revelou a existência de um elevado grau de homogeneidade nas populações caprinas (Kantanen *et al.*, 1995). Kumari *et al.* em 2013 utilizaram este método para estudar a revolução genética das populações de cabras de Bengala Negra. No Brasil, o RAPD foi utilizado para estudar a variabilidade genética em 3 raças de cavalos (Egito *et al.*, 2007). No Egito, foi estabelecido o polimorfismo genético de 5 raças de camelos (Baladi, Somali, Sudani, Maghrabi e Mowallad) (Mahrous *et al.*, 2011). Por último, esta técnica é também amplamente utilizada na produção de mapas genéticos (Martin et *al.*, 1991).

No entanto, o RAPD é uma técnica que carece de reprodutibilidade, uma vez que é altamente sensível à concentração de ADN e às condições de amplificação (Najimi *et al.*, 2003), ao contrário das técnicas que utilizam marcadores microssatélites.

I.3.4. Marcadores moleculares

1.3.4.1. Marcadores de ADN nuclear

1.3.4.1.1. Marcadores de microssatélites

Os microssatélites ou STRs ("Single Tandem repeats") são sequências de ADN constituídas por repetições em tandem (10 a 20 vezes em média) de um motivo de 2 a 6 pares de bases, geralmente não superiores a 200 pares de bases. They can be perfect (TGTGTGTGTGTGTGTGTG), interrupted (TGTGTGCATGTGTGCATGTG), or composës (TGTGTGTGTGCACACACACA). Estas sequências, também designadas por simple sëquence repeats (SSR) ou variable number tandem repeats (VNTR), são muito abundantes e bem distribuídas no gënoma eucariótico (Chambers et MacAvoy, 2000). Os microssatélites estão predominantemente localizados entre genes, em intrões de genes e em regiões não transcritas. Na maioria dos mamíferos, predominam os dinucleótidos do tipo (TG)n, ocorrendo a cada 50 a 100 kilobases (Vaiman, 2000). A frequência dos microssatélites varia de espécie para espécie; a cada 47 kb em porcos (Wintero *et al.,* 1992) e a cada 120-180 kb em vacas (Steffen *et al.,* 1993). Cada microssatélite corresponde a um locus único no genoma, perfeitamente definido pelas sequências únicas que flanqueiam a repetição. O comprimento destas sequências varia de um indivíduo para outro e de um alelo para outro dentro do mesmo indivíduo (Boichard *et al.*, 1998). Como o número de repetições do motivo é variável, gera um polimorfismo no comprimento do marcador amplificado. É este polimorfismo de comprimento que é detectado durante a genotipagem.

Existem várias vantagens na utilização de microssatélites como marcadores genéticos (Weber e Wong, 1993): (1) o grau de polimorfismo devido ao facto de o número de repetições poder ser altamente variável em relação à sua elevada taxa de evolução molecular; (2) codominantes : o indivíduo heterozigótico apresenta simultaneamente as caraterísticas de ambos os progenitores homozigóticos e pode ser distinguido de cada um dos progenitores; (3) estão distribuídos de forma mais ou menos uniforme por todo o genoma nuclear; (4) estes marcadores são neutros no que diz respeito ao processo de seleção e a sua transmissão segue um padrão mendeliano; (5) os diferentes alelos de microssatélites são facilmente identificados por uma simples amplificação por PCR. Todas estas caraterísticas genéticas e técnicas fazem dos microssatélites os marcadores de eleição para os estudos de caraterização. A FAO recomenda a utilização de marcadores de microssatélites nos estudos de caraterização dos recursos genéticos e elaborou uma lista comum de marcadores de microssatélites para os animais domésticos. Estes são atualmente os marcadores mais utilizados nos estudos de caraterização genética dos animais de criação (FAO, 2011).

1.3.4.2. Marcadores SNP

Os SNP (Single Nucleotide Polymorphism) são utilizados como alternativa aos microssatélites em estudos de diversidade genética. Os SNP são a forma mais abundante de variação genética no genoma humano. São responsáveis por mais de 90% de todas as diferenças entre indivíduos. Trata-se de um tipo de polimorfismo do ADN em que dois cromossomas diferem num determinado segmento por um único par de bases. Como marcadores bialélicos, os SNP têm quantis de informação relativamente baixos e, para atingir o nível de informação de um painel padrão de 30 loci de microssatélites, é necessário utilizar quantidades maiores. Além disso, as tecnologias moleculares em constante evolução estão a aumentar a automatização e a reduzir o custo da tipagem de SNP. É provável que, no futuro, os SNP venham a ser marcadores interessantes a aplicar em estudos de diversidade genética, uma vez que podem ser facilmente utilizados para avaliar variações funcionais ou neutras.

1.3.4.3. Marcadores de ADN mitocondrial

Os polimorfismos do ADN mitocondrial (ADNmt) têm sido amplamente utilizados em análises da diversidade filogenética e genética. O ADN mitocondrial tem um modo de herança maternal (os animais herdam o ADNmt das suas mães e não dos seus pais) e uma elevada taxa de mutação; não se recombina. Estas caraterísticas permitem aos biólogos reconstruir relações evolutivas intra e inter-raciais através da avaliação dos padrões de mutação do ADNmt. Os marcadores de mtDNA podem também constituir um meio rápido de detetar a hibridação entre espécies e subespécies de animais (Nijman et al., 2003). Os polimorfismos na sequência da região hipervariável do D-loop ou da região de controlo do ADNmt contribuíram grandemente para a identificação da ascendência selvagem das espécies domésticas, para o estabelecimento de modelos geográficos de diversidade genética e para a compreensão da domesticação dos animais de criação (Bruford *et al.,* 2003).

1.4. Informações gerais sobre a criação de gado no Burkina Faso

Com uma taxa de crescimento anual de 2%, o efetivo bovino do Burkina Faso foi estimado em 9,84 milhões de cabeças em 2014 (INSD, 2019). As regiões do Sahel, Hauts Bassins, Est e Boucle du Mouhoun representam, por si só, 57,35% do efetivo bovino (INSD, 2019). Tal como noutros países da África Ocidental, a criação de gado está organizada em torno de duas (2) subespécies, nomeadamente taurinas *(Bos taurus)* e zebus *(Bos indicus),* todas descendentes de um antepassado comum, o auroque, atualmente extinto e originário do Próximo Oriente (Lhoste et *al.,* 1991). Para além destas duas (2) subespécies, existem os produtos mais ou menos estabilizados dos seus cruzamentos, designados por metis ou híbridos, e as raças importadas. Dada a escassez de trabalhos de caraterização genética das raças locais no Burkina Faso, limitaremos as futuras descrições do gado local aos tipos que se encontram no Burkina. Na maioria dos países africanos, as raças animais são definidas com base na sua pertença a um determinado grupo étnico ou zona agro-ecológica, sem qualquer estudo genético prévio; isto pode levar a que uma determinada raça tenha vários nomes diferentes, dependendo da sua localização geográfica.

1.4.1. Raças locais

1.4.1.1. Zebu sudanês

O zebu sudanês Fulani constitui a maior parte do efetivo pecuário do Sahel (MRA, 2003). Trata-se de um zebu com cornos em forma de lira (figura 1). Está representado na sub-região por diversas variedades, entre as quais o zebu Djielgobe no Burkina Faso (Larrat, 1988). A sua área de distribuição, outrora confinada à zona setentrional (Saheliana e Sudano-Saheliana), foi consideravelmente alargada devido às secas sucessivas, que provocaram a sua descida cada vez mais para sul. As descrições morfométricas mostram que o zebu sudanês é um animal de tamanho médio, com um corpo comprido, mas não muito profundo. A altura ao garrote situa-se entre 1,20 m e 1,40 m (Benefice *et al.,* 1993). A cabeça é longa e fina. O focinho é escuro e as juntas têm muitas pregas. Os cornos variam de tamanho, mas são geralmente bastante compridos. O dorso é mergulhante e a garupa inclinada. O peito é profundo, mas pouco espesso. As pernas são longas em relação ao corpo. A corcunda, bem desenvolvida e musculada, é mais saliente nos machos do que nas fêmeas. A barbela é fina mas muito enrugada, estendendo-se do queixo até à parte posterior. A pelagem é lisa e curta. A pelagem é geralmente cinzenta ou cinzenta clara com manchas escuras. A pelagem dominante é cinzenta clara, com mucosas frequentemente negras nalgumas manadas (Benefice *et al.*, 1993). A pele é macia, com uma pigmentação que varia de clara a escura. O úbere e as tetas são pouco desenvolvidos. O peso médio à nascença dos vitelos é de cerca de 17 kg para os machos e de cerca de 15 kg para as fêmeas. Na idade adulta, o peso vivo varia entre 300 kg e 350 kg para os machos e 250 kg a 300 kg para as fêmeas (Nianogo *et al.*, 1996). A produção de leite do zebu sudanês Peul é modesta, mas o seu leite é rico em gordura (5,5%) (Larrat, 1988). A produção total é de 700 kg em 8 meses de lactação (Benefice *et al.*, 1993). Um estudo de estimativa do valor genético aditivo do zebu Peul mostrou uma forte correlação (0,57) entre a altura ao garrote e a produção de leite. No entanto, as correlações são negativas entre os traços de conformação (profundidade do corpo ou musculatura, calças) e o desempenho da produção de leite (Sanoga, 2003). Esta situação indica que qualquer seleção a favor da breca e da musculatura será acompanhada por uma evolução dëfavoraЬle da produção de leite. Uma selecção de dupla finalidade, ou seja, para a produção de leite e carne, seria completamente ineficiente, o que justifica a extensa utilização deste animal para a produção de carne. De facto, é um bom animal de carne, com um peso médio de 300 kg e um rendimento de carne de 48%. As carcaças de qualidade superior atingem 50% e são exportadas em grandes quantidades (Benefice *et al.*, 1993).

Figura 1: Zebu peul sudanês (Foto Tapsoba, 2017)

1.4.1.2. Tourada de Baoule

O país de Lobi (no sudoeste) concentra a maioria das populações de touros Baoule no Burkina Faso (Ouedraogo, 1989). O tripanotoierente é o taurino mais difundido no Burkina Faso; originário do sudoeste do Burkina, no país de Lobi, encontra-se também no país de Baoule, na Costa do Marfim (daí o seu nome). Os primeiros estudos descritivos datam de 1947, quando Doutressoulle descreve os taurinos de Baoule como bovinos pequenos, rectos, curtos e elipométricos. A altura ao garrote varia entre 90 centímetros e 1 metro. A cabeça é larga e curta, com focinho reto. Os arcos orbitais bem marcados conferem à testa larga uma certa concavidade. Os cornos são curtos, largos, horizontais e circulares no macho e ovais na fêmea. Existem frequentemente indivíduos sem cornos ou com cornos flutuantes. A linha dorsal é mais ou menos reta desde o garrote até à base da cauda e o dorso é largo e bem musculado. O tronco é arredondado, mas um pouco amarrado atrás da espádua. Os quartos traseiros, de comprimento médio, são ligeiramente inclinados e a coluna vertebral não é muito pronunciada. A cauda longa termina num tufo cheio. A barbela e a prega ventral não são muito visíveis. Os membros são curtos e delgados. As extremidades são escuras, pretas ou marcadas de preto. A pelagem é preta, preta, preta, amarela ou amarela, raramente fulva ou de trigo. As extremidades são escuras, pretas ou marcadas de preto (figura 2).

O peso médio à nascença é de 22,7 kg. O peso médio é de 190 kg para as vacas, 200 kg para os touros e 220 kg para os novilhos. Apesar da sua pequena dimensão, o desempenho zootécnico do touro de Baoule é interessante, o que justifica a sua dupla utilização na produção de carne e de leite.

Figura 2: Taurin Baoule (Foto Tapsoba, 2017)

1.4.1.3. Mera

O Mere é um cruzamento entre o zebu Fulani e o taurino Baoule. O nascimento deste produto pode ser atribuído aos movimentos migratórios das populações Fulani em busca de pastagens. O Mere responde também à necessidade de melhorar a produção devido à produtividade relativamente baixa do gado Baule. Este facto é possibilitado pelo avanço da frente de desertificação, que tornou acessíveis ao zebu peul as zonas de elevada prevalência da mosca tsé-tsé, como o sul, o sudoeste, o centro-oeste e o centro-sul do Burkina Faso. Morfologicamente, o Mere está mais próximo do zebu peul sudanês, cuja corcunda ostenta após várias gerações de cruzamentos.

1.4.2. Raças importadas

1.4.2.1. Zebu M'bororo

Mason (1951) classifica os clãs M'bororo na categoria dos zebuínos com chifres de lira altos, para os distinguir dos zebuínos Fulani com chifres de lira. Também conhecido como Fulani Blanc, Foule Blanc ou Akou, o zebu M'bororo é criado pelos Fulani na região central do Sahel. Com uma estrutura óssea fina, o zebu M'bororo é um animal de grande porte, de pernas altas, membros longos e delgados e cascos fortes. A corcova músculo-gorda, bastante desenvolvida, situa-se na região cérvico-torácica. É muito maior nos touros do que nas vacas. A barbela, também desenvolvida, estende-se desde o queixo até ao esterno. A prega ventral é móvel e pendente, tal como a bainha do macho. A cabeça é longa e delgada, com cornos grandes, altos, abertos, erectos e em forma de lira, geralmente de cor branca, medindo entre 75 e 120 centímetros. O dorso é comprido, mas o lado não é redondo e parece plano devido à estreiteza dos ombros. O abetouro é inclinado. A pele é solta e de espessura média, com uma pigmentação que varia do claro ao escuro. A pelagem é curta e grosseira. A cor da pelagem varia do castanho avermelhado ao bronzeado e o tufo é por vezes branco (figura 3). O zebu

M'bororo é feroz, tímido e difícil de treinar.
As vacas têm uma produção de leite muito fraca, produzindo cerca de 2 litros por dia nos períodos de pico. De acordo com Salifou *et al* (2012), o rendimento no abate é de 61,1%. As peles são muito apreciadas e produzem couros de boa qualidade. Estes animais têm a reputação de obedecer às ordens dos seus donos como cães, o que os torna bons animais de "mato" (Shaw e Colville, 1950). O M'bororo é um animal que caminha muito bem, perfeitamente adaptado ao pastoreio de transumância.

Figura 3: Bororo Zebu (Maaouia, 2018)

1.4.2.2. Zebu Azawak

O zebu Azawak deve o seu nome à sua zona de expansão, designada por AZAWAGH em Tamashek, ou seja, país setentrional ou arenoso, sem relevo acentuado (Seydou, 1981) (figura 4). O Burkina Faso importou gado Azawak em 1967 e 1969 para a estação de Markoye, e este gado foi posteriormente vendido a criadores do Sahel e de outras regiões do país (Lakouetene, 1999). É um dos melhores produtores de leite do Sahel, com uma produção média de 3 a 4 litros por dia em pastagens escassas. É um bom animal de abate, produzindo 500-600 kg após 5-6 anos de engorda; o seu rendimento de carcaça é de 50% (Oumarou, 2004).
Para além destas duas raças, existem muitas outras raças importadas, como a Arab zëbu, a Goudali e a Djeli.

Figura 4: Zebu Azawak (Maaouia, 2017)

1.5. Sistemas de criação de bovinos

[a]Como noutros países da sub-região, existem dois tipos principais de sistemas de criação de

gado no Burkina Faso (MRA, 2012). Esta classificação, baseada no potencial agro-ecológico (Sere e Steinfeld, 1996) e correlacionada com factores socioculturais e económicos, permite distinguir entre sistemas ditos tradicionais e melhorados:

-Sistemas tradicionais: O alojamento dos animais é precário e muitas vezes inexistente. A proteção sanitária limita-se a campanhas de vacinação periódicas obrigatórias lançadas pelo Estado. A produção animal é essencialmente apoiada pelos recursos naturais de prados e arbustos, que fornecem um suplemento alimentar quase gratuito aos animais que pastam principalmente em terras não cultivadas. A disponibilidade de pastagens dita os movimentos dos rebanhos, que definem os modos de produção nómada ou sedentário extensivo e transumante.

O sistema de pastoreio transumante está disseminado por todo o país, com uma forte preponderância nas regiões do Sahel, do Leste e do Oeste (na bacia do algodão):

✓ o sistema de transumância em grande escala em que os efectivos se deslocam a grandes distâncias. Estas distâncias são frequentemente, mas não exclusivamente, transfronteiriças, o que implica uma mudança de zona agro-ecológica (MRA, 2005).

✓ o sistema de transumância de pequena escala, em que os movimentos dos animais, distribuídos por períodos curtos, se limitam a localidades vizinhas. Estas deslocações são sazonais e permitem o acesso às pastagens, sobretudo durante a estação das chuvas. Uma vez passado esse período, os animais regressam à sua base.

Nos sistemas tradicionais, em geral, e no sistema pastoril transumante, em particular, os suplementos alimentares são quase inexistentes, não há integração lavoura-pecuária, a constituição de reservas de forragem e as culturas forrageiras são reduzidas. No entanto, a utilização de forragens pós-colheita constitui um elo importante da cadeia de pastoreio. Esta ligação complementar entre as culturas e o gado limita-se, no entanto, à utilização de resíduos de culturas através do pastoreio. [b]A disponibilidade de água é difícil na estação seca; os animais são abeberados de águas superficiais e, por vezes, dos poucos furos que existem nas zonas de pastagem atravessadas (MRA, 2012).

Sistemas de criação extensiva: nestes sistemas, a distância percorrida pelos animais não excede um dia de caminhada desde a quinta ou o curral noturno. Neste sistema, os proprietários praticam muito confiage.

-Sistemas de produção animal melhorados: Estes sistemas estão geralmente a ser desenvolvidos em cidades e zonas periféricas, especialmente em torno de grandes cidades como Ouagadougou. O seu crescimento contribui para satisfazer uma procura crescente de proteínas animais que não pode ser satisfeita pelas longas redes de abastecimento e de comercialização dos pequenos agricultores (OCDE, 2008). Estes sistemas são semi-intensivos ou intensivos. Requerem um investimento mais substancial em infra-estruturas, factores de produção e mão de obra. Os animais são vacinados e a sua saúde é controlada regularmente. Estes tipos de criação são da iniciativa de funcionários públicos, comerciantes, reformados, jovens agricultores e decisores políticos que investem com objectivos comerciais (MRA, 2010). [a]O complemento alimentar é constituído por subprodutos agro-industriais (SPAI) e alimentos industriais como os concentrados (MRA, 2012). Apesar destes investimentos, estas explorações não conseguem satisfazer as exigências do mercado, quer quantitativa quer qualitativamente (OCDE, 2008). Esta situação pode ser atribuída aos diferentes constrangimentos que afectam o sector da pecuária no Burkina Faso.

CAPÍTULO II

MATERIAIS E MÉTODOS

II.1. Caracterização morfo-biométrica

II.1.1. Descrição da zona de estudo

Este estudo foi efectuado nas regiões Centro-Oeste, Centro-Sul, Sudoeste e Sahel do Burkina Faso.

II.1.1.1. Região Centro-Oeste

[2]A região Centro-Oeste cobre uma superfície de 21.752,48 km, ou seja, 8% do território nacional. Faz fronteira a leste com as regiões Centro-Sud e Centro, a norte com a região Nord, a oeste com as regiões Boucle du Mouhoun e Sudoeste e a sul com a República do Gana. É constituída por quatro províncias (Boulkiemde, Sanguie, Sissili, Ziro), divididas em 39 comunas. A capital da região é Koudougou.

A região caracteriza-se por uma topografia plana com algumas elevações, nomeadamente na província de Sanguie. Consoante a província, existem solos areno-argilosos, solos ferruginosos, solos ferralíticos espessos e soltos e bolsas de solos hidromórficos nas zonas baixas.

O clima é sudanês, com uma pluviosidade média anual entre 700 e 1000 mm, chegando a 1200 mm nas províncias de Sissili e Ziro (Guinko, 1984). As temperaturas mais baixas (em média 12°C) são geralmente observadas durante os meses de dezembro e janeiro, enquanto as mais altas (em média 38°C) ocorrem entre março e maio. A região é caracterizada por três tipos de vegetação. De norte a sul, existe uma savana arbustiva típica do clima do norte do Sudão, uma savana arbustiva típica do clima do sul do Sudão e florestas de galeria ou abertas que se encontram principalmente ao longo dos cursos de água.

A população da região Centro-Oeste está estimada em 1.510.975 habitantes (INSD, 2016). Os Gourounsis e os Mossis são os dois principais grupos étnicos da região Centro-Oeste.

As duas principais actividades económicas desta região do centro-oeste são a agricultura e a pecuária. A pecuária sedentária é praticada pelos agricultores, que criam geralmente gado bovino, pequenos ruminantes, burros, porcos, cavalos e aves de capoeira. O pastoreio transumante é praticado pelos Peuhl, cujos rebanhos são constituídos por zebus e metis zebus x taurins. A população bovina da região está estimada em 706 000 cabeças (MRA, 2014). Os touros são criados principalmente pela etnia Gourounsi, daí o nome "Gourounsi".

taurin Gourounsi. A tripanossomíase é um fator limitante para a elevação nesta região. Pelo menos 60.000 bovinos são ordenhados a cada annëe contra a tripanossomose (MRA, 2014).

II.1.1.2. Região Centro-Sud

[2]Situa-se no sul do Burkina Faso, cobrindo uma superfície de 11.327 km, ou seja, 4,1% do território nacional. Faz fronteira a sul com a República do Gana, a leste com as regiões Centro-Este e Plateau Central, a norte com a região Centro e a oeste com a região Centro-Oeste. A região está dividida em três (3) províncias (Bazega, Nahouri e Zoundweogo) com 19 comunas e 528 aldeias. A capital da região é Manga.

A região Centro-Sud apresenta duas grandes zonas topográficas: as planícies e os planaltos. Os solos são constituídos por grandes unidades hidrogeológicas impróprias para as culturas, com solos minerais brutos adequados às actividades agro-pastoris.

O clima é Sudano-Saheliano, com uma pluviosidade que varia entre 700 mm e 1.200 mm (Guinko, 1984). A temperatura média mensal é de cerca de 30°C. A vegetação é composta essencialmente por savana arbustiva aberta, savana arbustiva densa, savana arbustiva degradada, savana arbustiva densa e florestas de galeria ao longo dos cursos de água. A rede hidrográfica é constituída essencialmente pelas bacias do Nakambe, Nazinon e Sissili, com numerosos afluentes periódicos.

A população da região Centro-Sud foi estimada em 804 709 habitantes em 2015 (INSD, 2015). Três grandes grupos étnicos autóctones dominam a região: os Mossi, os Gourounsi e os Bissa. A economia da região baseia-se principalmente na agricultura, na pecuária, na pesca e no comércio. A população bovina está estimada em 318 000 cabeças (zebus e touros), com uma taxa de crescimento anual de 2% (MRA, 2014). O gado Gourounsi é maioritariamente constituído por touros, que utilizam como dote nos casamentos tradicionais. A região também sofre de pressão da mosca tsé-tsé, o que significa que os criadores de zebu da zona têm de ser tratados regularmente. Os touros raramente são tratados.

11.1.1.3. Região do Sudoeste

A região Sudoeste faz fronteira a leste com a República do Gana e a região Centro-Oeste, a sul com a República da Costa do Marfim, a oeste com as regiões de Cascades e Hauts Bassins e a norte com as regiões de Boucle du Mouhoun e Centro-Oeste. [2]A sua superfície total é de cerca de 16.576 km, ou seja, 6,1% do território nacional. A sua extensão é de 24

Composta por quatro (4) províncias (Bougouriba, Loba, Noumbiel e Poni) organizadas em 28 comunas. A capital da região é Gaoua.

O Sudoeste é uma das regiões mais bem irrigadas do Burkina Faso (entre 900 e 1200 mm de isoietas). Pertence à zona climática Sudano-Guineense e caracteriza-se por um relevo muito acidentado, uma temperatura média anual de 27°C que oscila entre um mínimo de 21°C e um máximo de 32°C. A vegetação é relativamente densa e variada. De norte para sul, há uma evolução de savana arborizada para floresta aberta e galerias florestais ao longo dos cursos de água. O sistema fluvial faz parte da bacia hidrográfica do rio Mouhoun, com um grande número de potenciais locais de barragens (Bougouriba, Noumbiel).

A população desta região do sudoeste está estimada em 795 549 habitantes (INSD; 2016). Os principais grupos étnicos são : Lobi, Dagara, Gan, Birifor. A população é predominantemente rural e agrícola, com animais utilizados principalmente para trocas matrimoniais e práticas costumeiras. Existem 343.000 cabeças de gado, principalmente touros Lobi/Baoule (MRA, 2014). A criação de gado é essencialmente familiar e sedentária, e os animais raramente recebem alimentação suplementar ou cuidados veterinários. A tripanossomíase é uma das principais doenças que dificultam o desenvolvimento da criação de gado nesta zona (MRA, 2000). No entanto, a criação de gado é uma atividade promissora dado o potencial que oferece. Estas são a grande disponibilidade de pastagens e a existência de pontos de água.

11.1.1.4. Região do Sahel

A zona do Sahel estende-se pelo norte do país entre as latitudes 13°5'N e 15°3'N. Caracteriza-se por uma baixa pluviosidade (menos de 600 mm) e temperaturas elevadas que variam entre 15°C e 47°C. As formações vegetais naturais são savanas e estepes de arbustos espinhosos, matagais de tigre, florestas de galeria e formações de planície por vezes densas (Guinko, 1984). Esta zona compreende cinco províncias (05): Oudalan, Seno, Sanmatenga, Gnagna e Yatenga.

11.1.2. Locais de amostragem

A amostragem para o estudo morfológico do Burkina foi efectuada nas províncias de Sanguie (Região Centro-Oeste), Nahouri (Região Centro-Sul) e Poni (Região Sudoeste) respetivamente. Os zëbuses que têm ële ийНзёз para permitir a inferência de variabilidade têm ëГë ëchantШonnës nas províncias de 1'Oudalan e Soum na região de 1'Oudalan. Sahel (Figura 5).

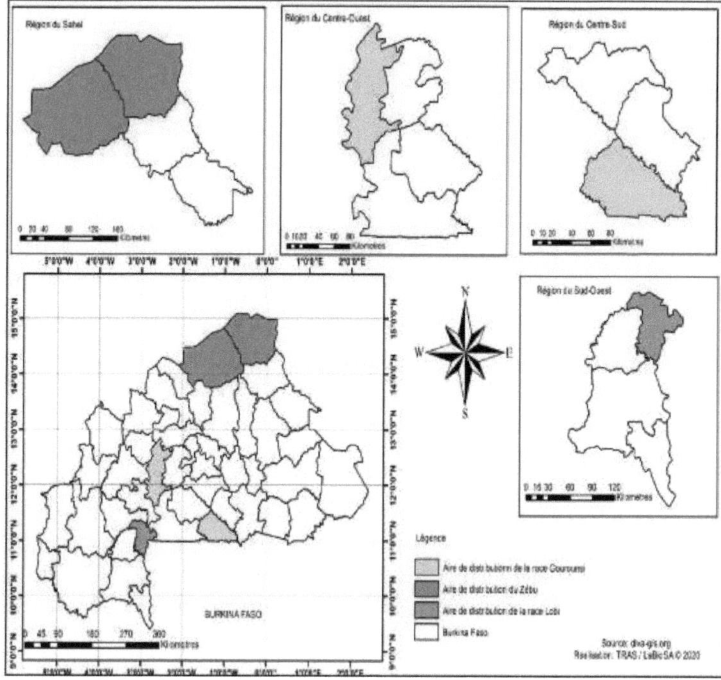

Figura 5: Mapa de localização da zona de estudo (Tapsoba, 2020)

II.1.2. Material

11.1.2.1. Materiais orgânicos

O estudo envolveu bovinos das raças de touros locais "Lobi" e "Gourounsi" com uma idade mínima de 5 anos. Foi medido um total de 1055 bovinos, incluindo 264 touros Lobi (figura 6), 545 touros Gourounsi (figura 7) e 246 zebuínos Fulani.

Figura 6: Touros de Lobi (Foto Tapsoba, 2017)
Figura 7: Toureiros de Gourounsi (Foto Tapsoba, 2017)

11.1.2.2. Equipamento de medição

As várias medições corporais (apêndice 1) foram efectuadas utilizando uma vara de medição zootécnica com cerca de 2 metros e uma fita métrica zoométrica da marca ANImeter ® (figura 8). As medições da cabeça e do corpo, ou seja, o perímetro do focinho, o comprimento do chifre, o comprimento das orelhas, o perímetro torácico, o comprimento escápulo-isquiático, a largura isquiática e o comprimento da cauda, foram efectuadas com a fita zoométrica. As medições relativas à altura ao garrote, altura ao sacro, profundidade do peito, largura do peito, largura das espáduas e largura da anca foram efectuadas com uma bengala zootécnica.

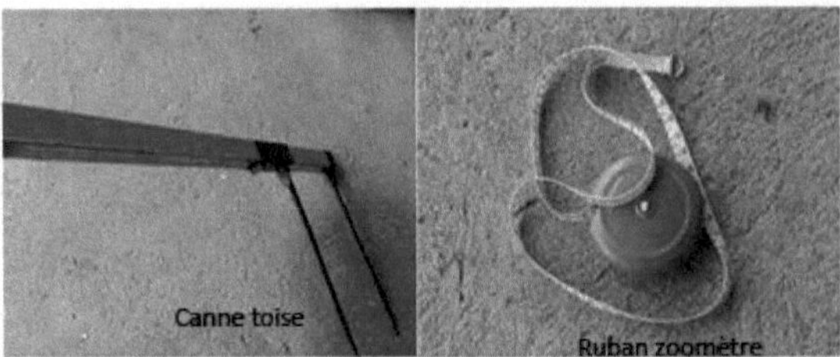

Figura 8: Equipamento de topografia (*Foto Tapsoba, 2017*)

11.1.3. Métodos

11.1.3.1. Metodologia do inquérito no terreno

A metodologia consistiu, em primeiro lugar, na identificação dos ëleyeurs de toureiros, seguida de uma entrevista com eles. Esta entrevista consistiu em explicar-lhes o objetivo deste trabalho e os procedimentos do inquérito.

11.1.3.2. Amostragem

O objetivo desta amostragem é capitalizar o efeito do tempo nas variações morfológicas das diferentes raças de touros. No entanto, as amostras foram recolhidas em intervalos de 4 anos, em 2014 e 2018. Para limitar o efeito dos factores ambientais sobre os índices de condição corporal dos animais amostrados, nomeadamente a indisponibilidade de pastagens, as amostras foram todas recolhidas ao mesmo tempo, entre agosto e outubro de 2014 e 2018.

Em pormenor, a amostragem foi realizada em cinco províncias (Sanguië, Nahouri, Poni e Oudalan e Soum) e apenas envolveu bovinos adultos (com pelo menos 5 anos de idade). Esta escolha explica-se por uma tendência para normalizar os parâmetros biométricos nesta idade. Para evitar o parentesco entre os indivíduos amostrados, foi observada uma distância mínima de 3 km entre os efectivos. O número de efectivos amostrados em cada aldeia foi no máximo de 3, e o número de indivíduos retidos em cada efetivo situou-se entre 1 e 4; no entanto, nos efectivos com mais de 80 cabeças, o número de indivíduos amostrados podia atingir 8.

O número total de animais amostrados foi de 1055, incluindo 820 fêmeas e 235 machos. A maioria destes indivíduos pertencia ao tipo genético *Bos taurus* e estava distribuída da seguinte forma: taurinos de Gourounsi (431 fêmeas, 114 machos), taurinos de Lobi (197 fêmeas, 67 machos). Os zebus eram 246, dos quais 192 vacas e 54 touros. As fêmeas tinham entre 5 e 17 anos de idade e os machos entre 5 e 8 anos de idade. Estes animais foram amostrados durante dois anos (com exceção do zebu) em 64 aldeias nas 5 províncias da zona delude (Quadro I). O elevado número de fêmeas em relação aos machos justifica-se pelo facto de serem numericamente mais importantes e passarem mais tempo nos rebanhos, enquanto os machos são explorados numa idade relativamente jovem. Além disso, esta amostragem é orientada para um rácio "número de fêmeas amostradas/número total de indivíduos amostrados" de 80%. Este rácio é recomendado pela FAO para os estudos de caraterização morfológica (FAO 2011).

Quadro I: Descrição da amostragem

	2014		2018	
Populações	Força de trabalho	Aldeias	Força de	Aldeias

			trabalho	
1.GourN	130	11	128	8
2.GourS	138	10	149	10
3.lobi	125	8	139	13
4. zebu	246	14	-	-
Total	639	27	416	23

GourN: Goursounsi Nahouri; - GourS: Gourounsi Sanguie

11.1.3.3. Inquéritos morfo-biométricos

Os inquéritos morfo-biométricos incidiram sobre os animais ëchantIIlonnës e foram efectuados em três fases: A metodologia de recolha de dados baseou-se no manual de formação de entrevistadores em inquéritos morfo-biométricos de raças bovinas locais da África Ocidental no âmbito do projeto CORAF/Introgression 03.GRN.16.

A primeira fase envolveu o registo de informações sobre a idade dos animais, de acordo com a opinião do proprietário, e a dentição. Foram também registados outros dados sumários de identificação dos animais (número de inquérito, sexo, presença aparente, localização, criador).

A segunda consistiu em medições da cabeça, dos cornos e do corpo. Foi efectuado um total de 21 medições em cada animal. Os animais foram mantidos o mais imóvel possível sobre as suas patas, sem tensão ou esforço. Dadas as condições do inquérito no terreno, a maior parte das medições foi efectuada em animais mantidos nos compartimentos ou nos seus locais de pastagem. Em alguns casos, quando as instalações o permitiam, as medições foram efectuadas nos corredores de contenção.

Medidas da cabeça e do crânio

As medidas quantitativas consideradas ao nível da cabeça dizem respeito a 5 caraterísticas: o comprimento e a largura da cabeça, o comprimento e a largura do crânio e, por último, o comprimento da face. A circunferência do focinho corresponde ao diâmetro medido imediatamente atrás do focinho. Os pontos anatómicos em que são medidos estes diferentes parâmetros são indicados nas figuras 9 e 10.

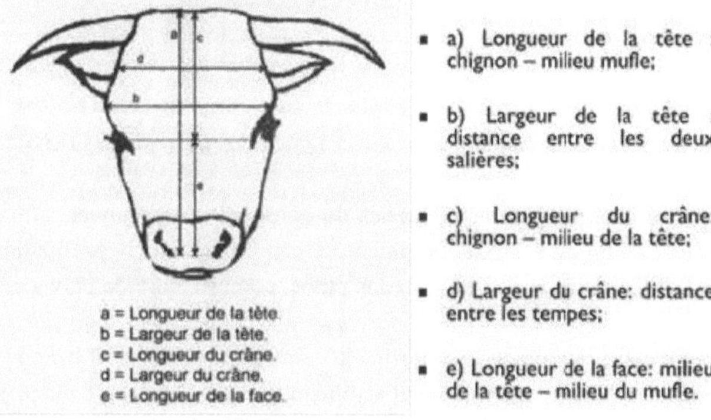

- a) Comprimento da cabeça: coque - meio do nariz;
- b) Largura :
distância entre os dois
sal;
- c) Comprimento da grua :
chignon - meio da cabeça;

- d) Largura do crânio: distância entre os templos;
- e) Comprimento da face: meio da cabeça - meio do focinho.

Figura 9: Pontos anatómicos para medições da cabeça (CORAF/Introgression03.GRN.16)

Figura 10: Medição do perímetro do focinho (CORAF/Introgression03.GRN.16.)

- **Medidas dos chifres e das orelhas**

As medições efectuadas nos chifres referem-se ao comprimento dos chifres. O comprimento do chifre mede a distância entre a ponta e a base do chifre, como indicado na figura 11. O comprimento da orelha mede a distância entre a base da concha e a ponta da orelha. Os pontos anatómicos para as medições do chifre e da orelha são apresentados nas figuras 11 e 12.

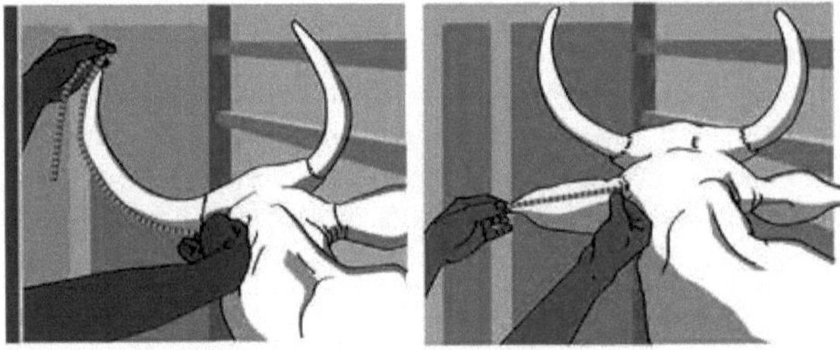

Figura 11: Medição do comprimento da trompa Pointe-Base (CORAF/Introgression03.GRN.16.)

Figura 12: Medição do comprimento da orelha (CORAF/Introgression03.GRN.16.)

- **Medidas do corpo**

Os parâmetros quantitativos para as medições do corpo são os seguintes: altura ao garrote, perímetro torácico, altura do sacro, comprimento escápulo-isquiático, profundidade do peito, largura do peito, largura das ancas, largura dos pinos, comprimento da pélvis e comprimento da cauda.

- **Altura ao garrote:** esta medição é efectuada com muito cuidado, utilizando uma bengala zootécnica, certificando-se de que o animal se encontra numa superfície plana e horizontal e de que a sua postura é normal. A medição é efectuada segurando a vara de medição verticalmente junto ao membro dianteiro do animal (direito ou esquerdo) e colocando-a no garrote do animal, imediatamente atrás da corcunda (se presente) (figura 13 A).
- **A altura do sacro:** mede a distância vertical entre o solo e o ponto determinado pela intersecção da linha que passa pelos pontos das ancas e do sacro (figura 13 C).
- **Profundidade do peito:** mede-se quando as tiras passam mesmo por trás das pernas da

frente (figura 13 B).

- **Largura da espádua:** é a distância entre as tuberosidades laterais dos dois úmeros (Figura 13 D).
- **Perímetro torácico:** mede-se com uma fita métrica a partir das páleas, imediatamente atrás dos membros anteriores do animal. Esta medição é efectuada imediatamente à frente da corcunda (se presente) (figura 13 F).
- **Comprimento escápulo-isquiático:** O comprimento escápulo-isquiático é medido com uma fita métrica e estende-se da ponta do ombro à ponta das nádegas, sendo o animal ë тшоЬШвё (figura 13 G).
- **Comprimento do corpo:** o comprimento do corpo é medido da ponta da espádua até à asa do ílio (figura 13H).
- **Largura nas ancas**: medida entre as duas axilas do ílio (figura 13 E).
- **Comprimento da cauda:** medido a partir da primeira vértebra caudal até à extremidade da cauda.

(Figura 13 I).

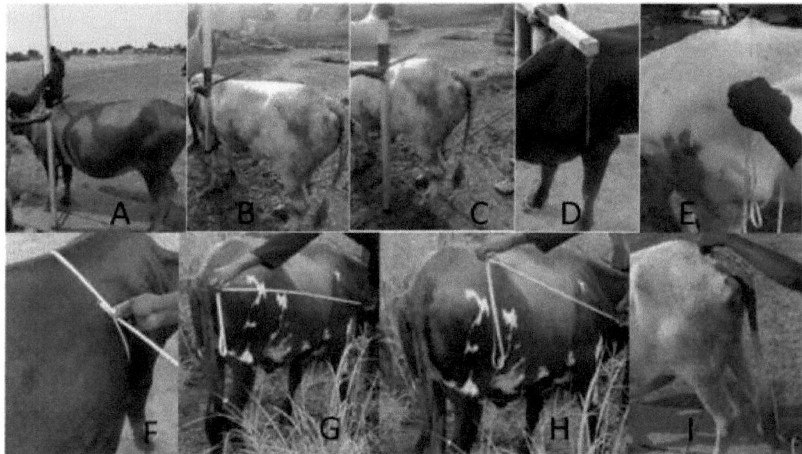

Figura 13: Medidas do corpo (Foto BERE, 2017)

- **Largura do peito:** é a distância entre o eixo dos membros anteriores e a base do esterno (Figura 14).

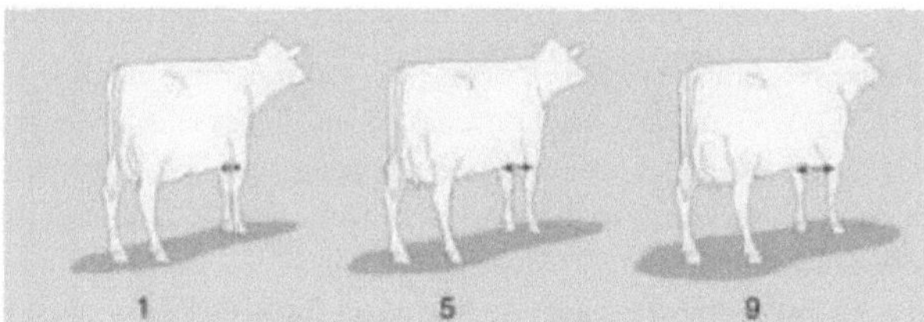

Figura 14: Medição da largura da mama (CORAF/Introgression03.GRN.16.)

- **Largura do** ísquio**:** mede a distância entre os dois pontos do ísquio (Figura 15).

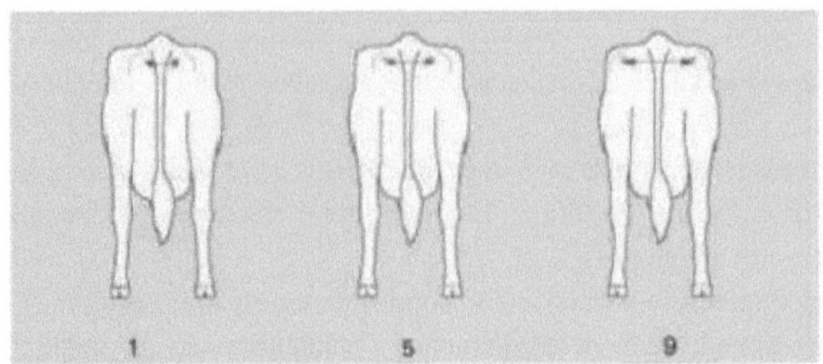

Figura 15: Medição da largura do ísquio (CORAF/Introgression03.GRN.16.)

II.1.4. Análise estatística

Os dados do inquérito foram introduzidos numa folha de cálculo Excel, na qual foi efectuada uma limpeza preliminar. Isto envolveu a remoção de registos anómalos e a eliminação de variáveis com mais de 30% de dados em falta e/ou anómalos. O conjunto de dados resultante da primeira limpeza foi transformado num ficheiro de texto e importado para o software R studio (equipa RStudio, 2020). O conjunto de dados foi então normalizado utilizando o Zscore e os outliers foram removidos.

As análises estatísticas foram realizadas usando o software R (R Core Team, 2013). Os dados recolhidos em 2014 e 2018 foram comparados com as mesmas medições obtidas em zebuínos Fulani, cujas amostras foram utilizadas como um "grupo externo" para infërmar a variabilidade. Uma análise de componentes principais foi realizada usando o pacote factoextra (Kassambara, 2015). Depois de examinar os valores próprios das diferentes dimensões, foram removidas as variáveis que contribuíam apenas muito fracamente para a formação das primeiras 2 dimensões, de modo a amëiorar a inércia total nas primeiras 2 dimensões. Estas foram as variáveis comprimento do corpo e largura do ombro. Em seguida, uma classificação de baixo para cima 33

O melhor número possível de k foi determinado usando o pacote Nbclust (Charrad *et al*, 2014). A estimativa do nível de introgressão entre as diferentes raças de 2014 a 2018 foi feita por meio de análise discriminante linear (LDA). Isso foi usado para estimar a proporção de animais bem classificados em suas populações originais. O pacote GLM foi usado para avaliar o efeito da raça nas várias medidas. O modële foi refinado incluindo raça e ano de coleta como efeitos fixos e a interação raça * período A média dos mínimos quadrados das diferentes medidas e seus erros padrão foram obtidos usando o pacote emmeans (Lenth, 2019). Para inferir o efeito do tempo na variação das medições morfológicas, todos os dados recolhidos (2014 e 2018) foram fundidos e as medições em zebus foram removidas (estas medições não foram recolhidas em 2018), depois foi realizada uma Análise Multivariada de Variância (MANOVA). O modelo incluiu todas as medições efectuadas como variáveis dependentes. Além disso, todas as variáveis que mudaram significativamente de um período de recolha para outro foram identificadas através da realização de uma Análise Multivariada de Variância com a raça como variável independente.

II.2 Caracterização molecular das raças de touros no Burquina Faso

11.2.1. Locais de estudo

Os locais de estudo correspondem às mesmas localidades onde os inquéritos fenotípicos foram realizados, com exceção da região do Sahel (Figura 16). A escolha destas províncias é justificada pelo facto de cobrirem as duas zonas agro-ecológicas (zonas Sudano-Guineense e

Sudano-Saheliana) do Burkina Faso nas quais se encontram as raças de touros do Burkina Faso.

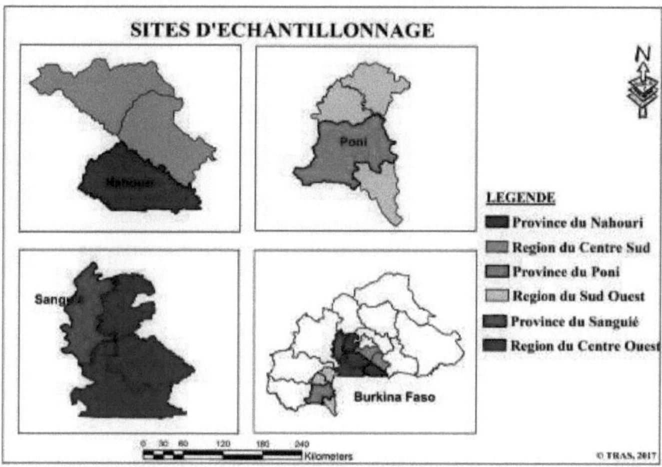

Figura 16: Locais de amostragem da caraterização molecular (Tapsoba, 2017)

11.2.2. População do estudo

No âmbito deste estudo de caraterização molecular, a população de estudo foi composta por indivíduos pertencentes às duas populações taurinas (Taurin Lobi e Gourounsi). **II.2.3. Amostragem**

Tratou-se de uma amostra aleatória em que foram tidos em conta os indivíduos supostamente de raça pura e não aparentes. No total, foram amostrados 143 touros: 38 touros Gourounsi da província de Nahouri, 43 Lobi da província de Poni e 62 Gourounsi da província de Sanguie.

11.2.3. Colheita de sangue

O material biológico consistiu em sangue total obtido por punção da veia jugular do animal e recolhido em tubos com anticoagulante EDTA (ácido etileno diamino-tetra-acético). As amostras de sangue foram então armazenadas a ± 4°C até à extração do ADN genómico.

11.2.4. Extração de ADN genómico

ADN, um ële extraído do sangue total com um kit de purificação, MasterPure DNA Purification Kit (Biozym Illumina Inc, EUA). A extração ëlë feita de acordo com as recomendações do fabricante. O ADN extraído é armazenado a 4°C até à amplificação genética (PCR).

11.2.5. Amplificação por PCR e genotipagem

A PCR convencional tem ëlë efeWe para cada um dos 27 marcadores microssatélites escolhidos para este ëtude (Tabela II). Os microssatélites utilizados (primers forward: sense) foram cortados com um de três corantes fluorescentes (FAM, HEX ou ATTO550). As condições da PCR foram as seguintes: desnaturação inicial do ADN a 95 °C durante 15 minutos, seguida de 40 ciclos de desnaturação a 95 °C durante 50 segundos, hibridação dos primers durante 50 segundos a 53 °C, 55 °C, 57 °C, 58 °C, 60 °C (dependendo da temperatura de hibridação óptima para cada marcador) e um alongamento a 72 °C durante 1 minuto com um alongamento final de 10 minutos a 72 °C. Os produtos de PCR foram depois submetidos a ëlësubmetidos a ëlectrophorëse após multiplexagem, num analisador automático de ADN

ABI3100 (Applied Biosystems, EUA) com ROX500 (Applied Biosystems, EUA) como marcador interno de peso molecular. Os 27 loci de microssatélites foram multiplexados em cinco painéis para gënotyping, como se mostra na Tabela VIII. Os tamanhos dos alelos para cada ëamostra foram então ël ë extraídos usando o software GeneMapper v.4.1 (Applied Biosystems, EUA).

Quadro II: Lista e caraterísticas dos marcadores utilizados

Multiplex	Locus	Intervalo de tamanho do alelo	Cartilha	Corantes fluorescentes	Temperatura de hibridação
1	CSRM60-F	79-115	AAGATGTGATCCAAGAGAGGCA	FAM	60°C
1	CSRM60-R		AGGACCAGATCGTGAAAGGCATAG		
1	CSSM66-F	171-209	ACACAAATCCTTTCTGCCAGCTGA	FAM	60°C
1	CSSM66-R		AATTTAATGCACTGAGGAGCTTGG		
1	HEL1-F	99-119	CAACAGCTATTTAACAAGGA	HEX	56°C
1	HEL1-R		AGGCTACAGTCCATGGGATT		
1	INRA063-E	167-189	ATTTGCACAAGCTAAATCTAACC	HEX	56°C
1	INRA063- R		AAACCACAGAAATGCTTGGAAG		
2	BM1824-F	176-197	GAGCAAGGTGTTTTTCCAATC	ATTO550	61°C
2	BM1824-R		CATTCTCCAACTGCTTCCTTG		
2	ETH152-E	181-211	TACTCGTAGGGCAGGCTGCCTG	FAM	60°C
2	ETH152-R		GAGACCTCAGGGTTGGTGATCAG		
2	HAUT27-F	120-158	TTTTATGTTCATTTTTTGACTGG	HEX	54°C
2	HAUT27-R		AACTGCTGAAATCTCCATCTTA		
2	INRA05-F	135-149	CAATCTGCATGAAGTATAAATAT	FAM	54°C
2	INRA05-R		CTTCAGGCATACCCTACACC		
3	BM1818-F	248-278	AGCTGGGAATATAACCAAAGG	HEX	60°C
3	BM1818-R		AGTGCTTTCAAGGTCCATGC		
3	ETH3-F	103-133	GAACCTGCCTCTCCTGCATTGG	FAM	63°C
3	ETH3-R		ACTCTGCCTGTGGCCAAGTAGG		
3	HEL9-F	141-173	CCCATTCAGTCTTCAGAGGT	ATTO550	56°C
3	HEL9-R		CACATCCATGTTCTCACCAC		
3	ILSTS006-F	277-309	TGTCTGTATTTCTGCTGTGG	FAM	54°C
3	ILSTS006-R		ACACGGAAGCGATCTAAACG		
3	TGLA53-F	143-191	GCTTTCAGAAATAGTTTGCATTCA	HEX	55°C
3	TGLA53-R		ATCTTCACATGATATTACAGCAGA		
4	HEL5-F	145-171	GCAGGATCACTTGTTAGGGA	FAM	54°C
4	HEL5-R		AGACGTTAGTGTACATTAAC		
4	HAUT24-F	104-158	CTCTCTGCCTTTGTCCCTGT	HEX	53°C
4	HAUT24-R		AATACACTTTAGGAGAAAAATA		
4	SPS115-F	234-258	AAAGTGACACAACAGCTTCTCCAG	FAM	61°C
4	SPS115-R		AACGAGTGTCCTAGTTTGGCTGTG		
4	INRA032-F	160-204	AAACTGTATTCTCTAATAGCTAC	ATTO550	56°C
4	INRA032- R		GCAAGACATATCTCCATTCCTTT		
5	ETH185-F	214-246	TGCATGGACAGCAGCCTGGC	ATTO550	65°C
5	ETH185-R		GCACCCCAACGAAAGCTCCCAG		
5	ILSTS05-E	176-194	GGAAGCAATGAAATCTATAGCC	FAM	56°C
5	ILSTS05-R		TGTTCTGTGAGTTTGTAAGC		
5	INRA035-F	100-124	ATCCTTTGCAGCCTCCACATTG	FAM	60°C
5	INRA035- R		TTGTGCTTTATGACACTATCCG		
5	HEL13-F	178-200	TAAGGACTTGAGATAAGGAG	HEX	54°C
5	HEL13-R		CCATCTACCTCCATCTTAAC		
5	TGLA126-F	115-131	CTAATTTAGAATGAGAGGCTTCT	HEX	54°C
5			TTGGTCTCTCTATTCTCTGAATATTCC		

	TGLA126-R				
6 6	BM2113-F BM2113-R	122-156	GCTGCCTTCTACCAAATACCC CTTCCTGAGAGAAGCAACACC	FAM	63°C
6 6	ETH10-F ETH10-R	207-231	GTTCAGGACTGGCCCTGCTAACA CCTCCAGCCCACTTTCTCTTCTC	FAM	61°C
6 6	ETH225-F ETH225-R	131-159	GATCACCTTGCCACTATTTCCT ACATGACAGCCAGCTGCTACT	ATTO550	63°C
6 6	INRA023-F INRA023- R	195-225	GAGTAGAGCTACAAGATAAACTTC TAACTACAGGGTGTTAGATGAACTC	ATTO550	58°C
6 6	TGLA122-F TGLA122-R	136-184	CCCTCCTCCAGGTAAATCAGC AATCACATGGCAAATAAGTACATAC	HEX	58°C

11.2.6. Análise estatística e genética

❖ Variabilidade genética

O software Micro-Checker versão 2.2.3 (Oosterhout *et al.*, 2004) tem ële ийНзё para identificação e classificação dos alelos nulos. Um alelo nulo corresponde à não amplificação de um determinado alelo na sequência de uma mutação num dos *iniciadores*. O emparelhamento deixa de ser efectuado com a sequência complementar no locus a amplificar - isto é referido como um alelo nulo. Por definição, um alelo nulo não pode ser detectado exceto no estado homozigótico (ausência de banda). No estado heterozigótico, será dominado pelos alelos com os quais é heterozigótico. A presença destes alelos nulos leva então a um défice significativo de heterozigotos biologicamente inexplicáveis (De Meeus, 2012), daí a importância de os detetar e eliminar.

Os índices básicos de diversidade foram determinados por um conjunto de parâmetros que são :

> Número médio de alelos observados por locus (Na)

Este é o número médio de alelos observados numa população; reflecte a riqueza da população em alelos. Em geral, o número médio de alelos depende do tamanho da amostra devido à presença de alelos únicos com baixas frequências nas populações, mas também porque o número de alelos observados aumenta à medida que o tamanho da população aumenta. Este parâmetro é determinado por locus e por população. O número médio de alelos por locus (Na) foi estimado no presente estudo utilizando o software Microsatellite Analyzer (MSA) versão 3.15 (Dieringer e Schlotterer, 2003).

> Conteúdo de informação sobre polimorfismo (PIC)

O PIC é utilizado para avaliar a capacidade informativa (discriminativa) de um marcador numa população com base nas frequências alélicas (Thiruvenkadan *et al.*, 2014). O PIC é avaliado por locus, considerando a população total e por população para todos os loci combinados. Este parâmetro foi avaliado utilizando o software CERVUS (Kalinowski *et al.*, 2007).

> Heterozigotia observada (HO)

É a proporção de indivíduos heterozigóticos observada no locus K, indicada pela seguinte fórmula :

HOK=E(**i#j**)**aki,j=l**

Onde pij é a frequência estimada do genótipo ij no locus k e ak é o número de alelos no locus k. Se considerarmos o locus, a taxa de heterozigotos observados (HO) é a média de (HOK) de acordo com a equação :

HO= **lIEHOKlk=l**

A heterozigotia observada (HO) é medida por locus e por população.

> Heterozigotia esperada (HE)

A hëtërozygosidade esperada (HE) pode ser calcиlëe sob a hipo^se de equilíbrio de Hardy-Weinberg, a partir das frequências alteradas dëterminëes para cada locus, usando a seguinte fórmula:

HE= 1- **Epi**^{2}

Ou pi é a frequência do mesmo alltie neste locus.

A taxa média de hëtërozygosity é o índice mais satisfatório de diversidade gënëtica. O seu valor numërico dëepende do número de loci polimórficos e da estrutura gënotípica de cada um deles. No entanto, Nei (1978) sugere a utilização de um estimador não enviesado (HEnb) quando o número de animais testados é pequeno. Este é definido como ë sendo a probabilidade de desenhar, ao acaso, dois al^les diferentes no mesmo locus. A estimativa da hëtërozygosity não enviesada é calculada de acordo com a seguinte fórmula:

^{2}HEnb = (**1-Epi**)-1

Onde n é o número de indivíduos ëtudiës. A hëtërozygosidade não enviesada esperada é estimada por locus e por população.

Os vários hërentes hëtërozygoties foram ëtë dëterminatedë usando o software Microsatellite Analyzer (MSA) versão 3.15 (Dieringer e Schlotterer, 2003).

> Coeficiente de consanguinidade ou medida do défice de hëtërozygosity (FIS)

Este paramëtre representa a razão da heterozigosidade mais ou menos observada em relação à hëtërozygosidade esperada (HE) sob as hipóteses de Hardy-Weinberg. Este novo parâmetro definido por Wright (Wright, 1965) é chamado de índice de fixação (F) de indivíduos dentro de subpopulações (s). Em princípio, corresponde ao estimador unbiasedë (f) de Weir e Cockerham (1984) ou dëficit in hëtërozygotes. É também chamado de variância panmixy e é calculado da seguinte forma:

FIS = **HE-HOHE=** 1 - **HOHE**

Varia entre -1 e +1. Valores iguais correspondem, portanto, a um excesso de hëtërozygotes, valores positivos a um défice de hëtërozygotes e o valor zero corresponde ao equilíbrio de Hardy-Weinberg. É interessante notar que -1 só pode ser alcançado por uma população onde todos os indivíduos são heterozigotos para os mesmos dois al^les, enquanto +1 significa apenas que não há hëtërozygotes e, portanto, todos os indivíduos são homozigotos para os ëtudiës loci. Além disso, verifica-se que um bom número de factores contribui para esta discrepância: consanguinidade, derivação, seleção, diferenciação, etc. (De Meeus, 2012).

Para testar a panmixia local (teste FIS), os alelos presentes em cada subamostra são reassociados aleatoriamente dentro dessas subpopulações e em todas as subpopulações. Medimos então o FIS global (média de todas as subamostras e loci) (estimativa f de Weir e Cockerham, 1984). Este processo é rëpëtë várias vezes, o que permite obter a distribuição de FIS gerada sob a hipótese de panmixia local (HO) (De Meeus, 2012).

O FIS é assim estimado por população considerando todos os loci após 1000 permutações dos al^les dentro das populações; a significância é considerada quando as percentagens de rëpëtions apresentam um valor do FIS infëerior ao real, i.e. maior que 95%. Os valores DE FIS por locus para todas as populações foram determinados pelo método Jackknifing em todos os loci e os intervalos de confiança pelo método Bootstrapping em todos os loci. A significância dos valores de Fis é inferida no intervalo de confiança de 95%.

O coeficiente de endogamia (FIS) de Weir e Cockerham (1984) foi calculado com o software FsTAT versão 2.9.3.2 (Goudet, 2002).

> Equilíbrio genético

> Teste de equilíbrio de Hardy-Weinberg (EHW)

Os desvios do equilíbrio de Hardy-Weinberg foram testados para cada locus considerando todas as populações e para cada população, todos os loci combinados. Estes testes exactos foram realizados utilizando o programa GENEPOP versão 4.2.2 (Rousset, 2008) pelo método da cadeia de Markov com estimativa exacta dos valores p de Chi2 pelo método de Fisher (os parâmetros fixos são: desmemorização = 10.000, lotes = 20, 1.000.000 iterações por lote). A hipótese nula é que as populações estão em equilíbrio de Hardy-Weinberg. Quando são observados desvios deste equilíbrio, concordamos que pelo menos uma das hipóteses não foi verificada.

> Diferenciação genética

Os parâmetros mais simples para avaliar a diversidade genética entre raças utilizando dados de microssatélites são os estimadores da diferenciação genética ou índices de fixação. Estes são :

> FST (9) de Weir e Cockerham (1984)

Os valores de FsT ou o efeito de subdivisão da população medem a redução da heterozigotia nas subpopulações relacionada com as diferenças nas frequências alélicas médias. Também appelë o coeficiente de co-ascendência, 9 de Weir e Cockerham (1984) ou "índice de fixação", o FST é dëfmi como ësendo a correlação de gametas dentro de subpopulações em relação a gametas retirados aleatoriamente de toda a população (todas as subpopulações incluídas). É calculada utilizando a média esperada de hëtërozygosity das subpopulações e a hëtërozygosity esperada da população total. A FST é sempre positiva e situa-se entre 0 e 1. 0 corresponde a panmixia (o acasalamento ocorre ao acaso, não há divergência genética dentro das populações, logo não há diferenças entre as frequências ancestrais das subpopulações) e 1, isolamento completo (todas as subpopulações em causa são panmíticas e totalmente isotrópicas). Assim, se as subpopulações partilham as mesmas frequências antigas (variância zero), este défice é zero (nenhum desvio do equilíbrio de Hardy-Weinberg); enquanto que no caso em que o FST é positivo, e tanto mais quanto as frequências antigas diferem entre subpopulações até um valor máximo de 1, quando cada subpopulação é fixada para um dos alelos presentes (variância máxima). Esta phënomëne gënërë por uma variância entre frequências antigas é chamada de efeito Wahlund (Wahlund, 1928), ou seja, o dëficit em hëtërozygotes devido à estruturação da população. O efeito Wahlund, que resulta numa redução da heterozigotia das subpopulações em relação à população total, é observado quando existe uma divergência nas frequências antigas entre subpopulações. Esta divergência é geralmente induzida pelo efeito de gëtic dërive, que tende a fazer com que as frequências antigas divirjam entre diferentes subpopulações (De Meeus, 2012).

Os valores de FST foram assim medidos por locus para todas as populações usando o programa Fstat versão 2.9.3.2 (Goudet, 2002) pelo método Jackknifing em todos os loci e os intervalos de confiança por Bootstraping em todos os loci. A significativitë dos valores foi ëtë dëduzida de acordo com um intervalo de confiança de 95%. No entanto, utilizámos o software Genetix versão 4.05.2 (Belkhir *et al.,* 2004) para dëerminar os valores de FST por par de populações após 1000 permutações. Outra medida de difërenciação gënética análoga à FST, a 9RH de Robertson e Hill (1984) foi também estimëada por pares de populações usando o mesmo procëdure. Esta medida leva em conta o tamanho dos alelos e não as frequências antigas.

Alelos de tamanho próximo têm maior probabilidade de ter um ancestral comum próximo, no caso em que os microssatélites seguem o modelo de mutação estrito, o sMM. A significância dos valores de FST e 9RH entre pares de populações tem ëtë considërëe quando as percentagens de rëpëňоn3 apresentaram um valor de FST ou 9RH inferior ao real, ou seja, supërieure que 95%.

> FIT (F) de Weir e Cockerham (1984)

O FIT mede a homozigotia dos indivíduos na população total ou o défice de hëtërozygotes globais. Quando as subpopulações não são panmíticas, neste caso o défice global de heterozigotos pode resultar de dois efeitos: o efeito Wahlund e o efeito de cruzamentos não ateatórios nas subpopulações. Tanto o FIT como o FIS variam entre -1 e 1 (De Meeus, 2012). O ITF (F) foi assim medido por locus para todas as populações utilizando o programa FSTAT versão 2.9.3.2 (Goudet, 2002) pelos métodos Jackknifing e Bootstraping em todos os loci. A significância dos valores foi inferida de acordo com um intervalo de confiança de 95%.

> Caudal geral, Nm (Wright, 1969)

A diferenciação gënëtica entre populações é favorecida pela deriva gënëtica e limitada pelos fluxos gënëticos entre populações. O conhecimento do STF pode ser usado para inferir o número de indivíduos migrantes (o produto Nm, com N: o tamanho de cada subpopulação e m: o número real de migrantes) numa subpopulação. Utilizando a fórmula Nm = (1-FST)/4FST. O fluxo gênico (Nm) entre pares de populações tem ëtë dëterminë usando o software Genetix versão 4.05.2 (Belkhir *et al.,* 2004). No entanto, a estimativa do fluxo gênico por par de populações ëtë dëduzida a partir da FST de acordo com a relação dëcëcëdescrita anteriormente.

> Métodos de reconstrução de árvores filogénicas

Para infërerir as relações parentais entre diferentes populações seguindo o processo evolutivo, utilizámos os métodos Neighbour Joining (NJ) de Saitou e Nei (1987). Em princípio, nos métodos de distância, a distância ëvolutiva é calculada para todos os pares de populações e a árvore filogenética é construída a partir da matriz de distância. Além disso, a fiabilidade dos nós do dendrograma é medida utilizando o método bootstrap (Felsenstein, 1985). A reconstrução das árvores filogënëticas foi efectuada utilizando os métodos Neighbor-Joining e UPGMA implementados no programa Populations versão 1.2.28 (Langella, 1999). A árvore da população foi construída a partir da matriz de distância dos alelos partilhados. A confiabilidade dos nós das árvores construídas foi testada utilizando o método bootstrap com 10000 amostras rëë. A visualização e reprodução gráfica dos dendrogramas foram realizadas utilizando o software MEGA versão X (Kumar *et al.*, 2018).

> Estrutura genética das populações

> Análises de estrangulamentos demográficos

Foi demonstrado que as noções de tamanho efetivo da população, estrangulamento e biologia da conservação estão intimamente ligadas. Pensa-se que o tamanho efetivo da população, também conhecido como tamanho genético da população e geralmente designado por Ne, representa a taxa a que uma população perde a sua diversidade genética através da deriva genética. Uma população que sofre uma redução acentuada no tamanho populacional (gargalo) tenderá a mostrar uma redução simultânea no número de alelos por locus e na sua diversidade genética (De Meeus, 2012). Durante um gargalo, observa-se que a perda de alelos ocorre mais rapidamente do que a diminuição da diversidade genética. Como resultado, uma população que passou por um gargalo recente terá uma diversidade genética (He) maior do que a esperada no equilíbrio mutação/deriva (Heq), dado o número de alelos observados (k) sob a suposição de um tamanho populacional constante (Baker, 2005). Numa população em equilíbrio mutacional/derivativo cujo tamanho não tenha variado durante um período de tempo razoável, há tanto a possibilidade de observar um excesso como um défice de diversidade genética, em relação ao que é esperado nos diferentes loci. Para detetar se o número de excessos observados excede significativamente o esperado sob esta hipótese nula, podem ser utilizados três testes, mas o mais cómodo e eficaz é o teste de Wilcoxon (De Meeus, 2012).

O excesso de diversidade genética (He > Heq) foi demonstrado para loci que evoluem segundo o modelo do infinito alélico (AIM). Se os loci evoluírem segundo o modelo de mutação stepwise estrito (SMM), pode haver situações em que o excesso de diversidade não seja observado. No entanto, poucos loci seguem o modelo SMM e, assim que se tornam ligeiramente mutantes a favor do modelo AIM, apresentam um excesso de heterozigotia devido a algum estrangulamento genético no passado. Dado que poucos loci seguem o modelo SMM, o modelo de mutação em duas fases (TPM) é considerado o mais adequado. O TPM é intermediário entre os modelos SMM e IAM (Baker, 2005).

Podem ser utilizados vários modelos de mutação, consoante a situação. Mas, de acordo com De Meeus (2012), é preferível utilizar os três modelos de mutação em simultâneo. Isto porque foi demonstrado que, se tiver efetivamente ocorrido um estrangulamento, este será detectado muito fortemente com a hipótese IAM, moderadamente com o TPM e fracamente com o SMM. No entanto, se não houver um estrangulamento, mas a população estiver estruturada em pequenas subpopulações, uma assinatura de estrangulamento pode ser falsamente detectada com a IAM, mas excecionalmente (se alguma vez) com a TPM e nunca com a SMM (De Meeus *et al.,* 2010). Foram desenvolvidos dois métodos implementados no software Bottleneck versão 1.2.02 (Cornuet e Luikart, 1996) para determinar se as populações são susceptíveis de ter sofrido eventos recentes de estrangulamento.

> Teste de Wilcoxon (Cornuet e Luikart, 1996)

O teste de Wilcoxon foi considerado mais eficiente e robusto para testar o excesso de heterozigotia em relação ao esperado no equilíbrio derivado de mutação com base nas frequências alélicas (Mahmoudi *etal.,* 2012). Para isso, verificamos a hipótese nula de que todos os loci estão em equilíbrio derivativo de mutação de acordo com os diferentes modelos gerados. Por conseguinte, se ocorrer algum desvio, obtemos um excesso de heterozigotia com um valor p significativo. Os parâmetros predefinidos são: 70% de mutações SMM em TPM e 30% de TPM envolvendo a adição ou remoção de mais de um motivo de microssatélite com uma variância de 30 (De Meeus, 2012). As estimativas foram efectuadas com base em 1000 replicações. Os valores de p para todas as populações foram obtidos usando o teste binomial generalizado de Teriokhin *et al.* (2007) implementado no MultiTest versão 1.2 (De Meeus *et al.,* 2009). Para o teste, fixámos k = 4 populações, o que dá uma probabilidade máxima de a = 0,0999.

> Teste do indicador de desvio de modo (Luikart *et al.,* 1998)

Um segundo método, uma representação gráfica em forma de L do indicador "mode-shift" desenvolvido por Luikart *et al* (1998), foi também utilizado para testar estrangulamentos demográficos recentes. Este método implementa um descritor qualitativo da distribuição das frequências alélicas (indicador "mode-shift") para discriminar as populações com estrangulamento das populações estáveis. Numa população em equilíbrio derivado de mutação (com um tamanho efetivo, que se manteve constante no passado recente), existe aproximadamente uma probabilidade igual de um locus apresentar um excesso de diversidade genética ou um défice de diversidade genética (Baker, 2005). De facto, a perda de alelos raros em populações de estrangulamento é detectada quando uma ou mais classes alélicas partilham um número de alelos superior ao de classes alélicas raras (Luikart *et al.*, 1998). No espetro de frequência alélica visualizado pelo método gráfico qualitativo, os alelos de microssatélites estão organizados em 10 classes alélicas. Deste modo, é possível verificar se a distribuição das frequências alélicas segue a forma em L do indicador "mode-shift", em que os alelos de baixa frequência (0,010,1) são os mais abundantes.

> Atribuição genética de indivíduos pelo programa GeneClass

Os testes de atribuição gënëtica são utilizados para determinar a probabilidade de um indivíduo pertencer à sua população de origem (origem). Cornuet *et al* (1999) sugeriram uma nova abordagem de atribuição de populações (abordagem de simulação de exclusão) que calcula, para cada indivíduo, a sua probabilidade de pertença em relação a cada população amostrada. Em princípio, a abordagem de simulação de exclusão proposta por Cornuet *et al* (1999) calcula a probabilidade de um indivíduo pertencer a uma população através da simulação de 10 000 genótipos. Por exemplo, se o genótipo de um indivíduo for observado uma vez em 10.000 genótipos simulados, a probabilidade de esse indivíduo pertencer a uma população é p = 0,001. Esta abordagem permite assim excluir as populações de origem dos indivíduos. O limiar do valor p é definido de acordo com um determinado requisito de exclusão (geralmente entre 0,05 e 0,001). Se a probabilidade de um indivíduo for inferior ao limiar estabelecido para essa população, então o indivíduo não é originário dessa população. Assim, considera-se que um indivíduo está corretamente atribuído a uma população quando é excluído de todas as outras com uma probabilidade altamente significativa (p<0,001), exceto daquela de que é originário.

Os testes de atribuição genética foram efectuados com o programa GeneClass versão 2.0 (Piry *et al.*, 2004) utilizando o método de frequência alélica de Paetkau *et al.* (1995). Os indivíduos foram atribuídos sob a correlação de duas hipóteses: as populações foram assumidas como estando em equilíbrio de Hardy-Weinberg e os loci em equilíbrio de ligação (Cornuet *et al.*, 1999).

> Inferência da estrutura genética das populações através de uma abordagem Bayesiana com o programa Structure

Para procurar a ocorrência de grupos genéticos independentes (K) e para atribuir corretamente cada indivíduo à população onde o seu genótipo tem maior probabilidade de ocorrer, utilizámos o programa Structure versão 2.3.4 (Pritchard *et al.*, 2000). Este programa utiliza a abordagem Bayesiana Markov Chain Monte Carlo (MCMC), que se baseia no modelo de agrupamento, para inferir a estrutura genética das populações e verificar a atribuição correta dos indivíduos à sua população de origem de acordo com uma determinada probabilidade Q (vetor multidimensional que representa a proporção de ancestralidade para todos os membros de uma população). De acordo com Pritchard *et al* (2000), estes indivíduos representam um тëlапде de K populações não observadas. A análise sob a abordagem Bayësiana é realizada sob o pressuposto de que: os loci estão em equilíbrio de ligação e as populações estão em equilíbrio de Hardy-Weinberg. Este método tem a vantagem de fornecer resultados de atribuição fiáveis com um número modesto de loci. A estrutura genética das populações locais foi inferida assumindo o modelo de "mistura" para a ancestralidade; enquanto que para as frequências alélicas, utilizámos o modelo de "frequências alélicas correlacionadas". Isto permite que os indivíduos tenham várias origens (ascendência mista). Segundo Falush *et al* (2003), no modulo "frequências alélicas correlacionadas", é provável que as frequências alélicas de diferentes populações sejam semelhantes devido à migração ou ao polimorfismo ancestral partilhado. Além disso, de acordo com Falush *et al* (2003), este modelo, tal como o que utiliza loci bialélicos, assume que todas as populações divergiram de uma população ancestral comum durante o mesmo período e que sofreram diferentes quantidades de deriva genética (devido a diferenças no tamanho efetivo das populações) desde a sua divergência. Com base nestes pressupostos, e dado um número pré-atribuído de clusters (K), o programa utiliza o algoritmo MCMC para calcular o logaritmo natural *da* probabilidade *a posteriori* de clusters (K) numa população, dada a composição genotípica observada G (Ln Pr (K/G)). Este último é diretamente proporcional ao logaritmo natural da probabilidade (Pr) da composição genotípica observada (G) dado o número de glomérulos (K) pré-atribuídos no conjunto de dados do programa Structure.

A análise foi efectuada através da atribuição de indivíduos à sua população de referência (população de amostra). Os valores da probabilidade posterior de K (log likelihood; lnL) são estimados com um período de burn-in de 104 iterações, seguido de 106 iterações de MCMC. Para cada valor de K (1<K<8), são efectuadas 20 replicações independentes (runs) para verificar a consistência das estimativas ao longo das iterações. O parâmetro de mistura alfa individual foi o mesmo para todos os clusters e com informação prévia uniforme. O K aplicado ao conjunto de dados será aquele para o qual a probabilidade posterior Ln P(D) é maximizada. A proporção do genoma ancestral (Q) também foi deduzida. Os resultados gerados pelo Structure foram submetidos ao programa do sítio Web Structure Harvester (Earl e VonHoldt, 2012) para determinar o número mais provável de grupos de genes (K) utilizando o método de verosimilhança L(K) e o método de Evanno, através da determinação da distribuição modal dos valores DeltaK (AK) (Evanno *et al.,* 2005).

II.3 Caracterização molecular dos bovinos da África Ocidental

II.3.1. Amostragem

Para além das amostras de touros do Burquina Faso, foram recolhidas neste estudo 445 amostras pertencentes a nove (9) raças bovinas e três (03) populações mëtis representando quatro (04) subtipos principais de gado encontrados na África Ocidental. Estas ë amostras foram recolhidas em quatro países diferentes (Figura 17). Oito (8) bovinos da raça N'dama, representando touros de chifres longos, foram amostrados no Mali. Para além dos taurinos do Burkina, foram recolhidos exemplares de taurinos de chifres curtos no Benim (Borgou: 14 e Lagune: 23). Foram recolhidos no Níger touros com chifres maciços (Kuri: 36). O tipo Zebu foi representado por cinco raças amostradas respetivamente no Benim (Zebu Peul: 34), Burkina Faso (Bororo: 20 e Goudali: 37) e Níger (Arabe: 52 e Bororo: 109). O gado sanga (mestiço) foi representado por cruzamentos Borgou x Zebu Peul do Benim (23), Kouri x Arab (29) e Kouri x Bororo (40) do Níger. Os principais critérios que prevaleceram para esta amostragem foram a ausência de parentesco entre os indivíduos, a sua pureza (para as raças identificadas) e o carácter aleatório da escolha, tendo sido amostrado um bovino por efetivo. Os pormenores da amostragem são apresentados no quadro IV.

Quadro III: Descrição das amostras de bovinos África Ocidental

	Denominação	Tipo	País	Força de trabalho	Províncias	Aldeias
1	Zebu Peul	Zebu	Benim	34	3	14
2	Bororo Burkina	Zebu	Burquina Faso	20	1	5
3	Boudali	Zebu	Burquina Faso	37	1	4

4	Árabe puro	Zebu	Níger	52	1	12
5	Bororo Diffa	Zebu	Níger	29	2	3
6	Sítio Bororo Kouri	Zebu	Níger	50	2	3
7	Bororo Maaoua	Zebu	Níger	30	3	5
8	Borgou x Zebu	Sanga	Benim	23	2	4
9	Kouri x Árabe	Sanga	Níger	29	1	3
10	Kouri x Bororo	Sanga	Níger	40	1	3
11	Borgou	Taurina	Benim	14	4	4
12	Kouri Pur	Taurina	Níger	36	1	12
13	Lagoa	Taurina	Benim	23	7	8
14	Gourounsi Nahouri	Taurina	Burquina Faso	40	1	11
15	Gourounsi Sanguie	Taurina	Burquina Faso	39	1	7
16	Lobi	Taurina	Burquina Faso	41	1	9
17	N'Dama	Taurina	Mali	8	2	3

As amostras de sangue foram colhidas por punção da veia jugular e recolhidas em tubos com EDTA. As amostras recolhidas foram mantidas a +4°C até à extração de 1 g de ADNnómico. O ADN foi extraído do sangue total utilizando o kit de purificação de ADN MasterPure (Biozym, Illumina Inc., EUA). O DNA ëcЬaтШoпз então ële armazenadoës a 4 ° C até a amplificação por PCR. Foram utilizados vinte e sete (27)27 marcadores de microssatélites selecionados entre os recomendados pela FAO (2011). Os primers foram conjugados com um de quatro corantes fluorescentes (FAM, HEX e ATTO550). A reação de PCR foi realizada nas seguintes condições: dënaturação inicial durante 5 min a 95°C, seguida de 35 ciclos de dënaturação a 95°C durante 30 segundos, 1 minuto de hibridação a temperaturas específicas para cada primer, extensão a 72°C durante 1 minuto e extensão final a 72°C durante 10 minutos. Os produtos de PCR foram depois submetidos a ëlësubmetidos a ëlectrophorëse após multiplexagem num sequenciador automático de ADN ABI3100 (Applied Biosystems, EUA) utilizando ROX500 (Applied Biosystems, EUA) como marcador interno. Todos os 27 loci de microssatélites foram ëlë multiplexedës em seis painéis para gënotyping (Tabela II). Os gënotypes foram então ëlë extraídos usando o software GENEMAPPER.

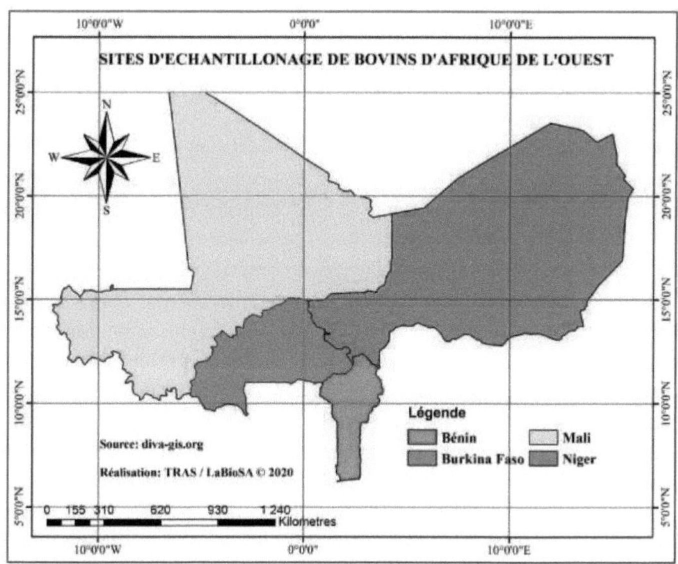

Figura 17: Locais de amostragem de bovinos na África Ocidental (Tapsoba, 2020)

II.3.2. Análise estatística

A presença de alelos nulos foi verificada utilizando o software Microchecker versão 2.2.3 (Oosterhout et al., 2004). Os índices básicos de diversidade, tais como o número de alelos observados, a heterozigotia observada e esperada, o défice de heterozigotos F_{IS} e a estatística F de Wright, foram calculados utilizando o MICROSATELLITE ANALYZER (MSA) versão 3.15 (Dieringer e Schlotterer, 2003). Os desvios das heterozigosidades do equilíbrio de Hardy-Weinberg (HWE) foram estimados por: (1) cálculo do grau de redução intra-populacional da heterozigotia devido à consanguinidade (F_{IS}) de acordo com Wright (1951); e (2) testes exactos do excesso e défice de heterozigotos para cada marcador e em cada raça, tal como implementado no GENEPOP (Raymond e Rousset, 1995). As distâncias alélicas entre populações e entre indivíduos foram também calculadas utilizando o software MSA (Dieringer e Schlotterer, 2003). Os pares de distâncias alélicas entre indivíduos foram utilizados para construir a árvore filogenética segundo o método Neighbor Joining, utilizando PHYLIP versão 3.5 (Felsenstein, 1993). A árvore foi visualizada com o programa MEGA versão 6.0 (Tamura *et al.*, 2013). Para verificar a história recente das raças bovinas no Níger, as probabilidades de atribuição foram calculadas utilizando a verosimilhança (Paetkau *et al.*, 1995) e métodos Bayesianos (Rannala e Mountain, 1997, Baudouin e Lebrun, 2001) utilizando o software GeneClass 2 (Piry *et al.*, 2004). O gráfico de dispersão das estimativas de verosimilhança (Baudoin e Lebrun, 2001) para os indivíduos de cada raça bovina foi construído utilizando o SPSS versão 26.0 (IBM corp, 2019). As populações de bovinos nigerianos foram testadas quanto ao equilíbrio dos derivados de mutação utilizando três abordagens estatísticas (teste de sinal, teste de diferenças padronizadas e teste de classificação de sinal de Wilcoxon) de acordo com os 3 modelos de evolução de marcadores de microssatélites utilizando o programa BOTTLENECK (Piry *et al.*, 1999).

CAPÍTULO III

RESULTADOS

III.1. Caracterização morfobiométrica

As interações entre as diferentes medições foram analisadas através do gráfico de dispersão bidimensional (Figura 19 e 20). Os dois primeiros componentes principais do gráfico PCA de 2014 contribuíram com 66,6% da variabilidade total, enquanto os de 2018 agruparam 69% da inércia total (Tabela V). Foram observadas fortes semelhanças entre estes dois gráficos. De 2014 a 2018, a maior parte da variabilidade foi transportada por onze (11) variáveis (comprimento da cabeça, altura no sacro e ancas, largura da cabeça, comprimento do chifre, profundidade do peito, përimëtre torácico, largura do crânio, comprimento do crânio, comprimento saculo-isquiático e largura do peito). Estas variáveis estiveram positiva e fortemente correlacionadas (>0,6) com a primeira dimensão, que capitalizou 49,2 e 61,6% da variabilidade em 2014 e 2018, respetivamente (Tabela V). No entanto, entre 2014 e 2018, observou-se uma tendência diferente para determinadas variáveis. O comprimento da face, da pélvis e das orelhas, a circunferência do focinho, a largura da anca e a largura no ísquio estavam moderada a negativamente correlacionados com a primeira dimensão em 2014, enquanto em 2018 estavam fortemente correlacionados com a mesma dimensão. O comprimento da cauda foi negativamente correlacionado com a primeira dimensão tanto em 2014 como em 2018. A segunda dimensão foi positivamente correlacionada com o comprimento do pino e a largura da anca em 2014 e 2018, respetivamente. Além disso, a segunda dimensão do gráfico PCA de 2014 teve mais correlações negativas e valores absolutos mais elevados em comparação com a segunda dimensão do gráfico de 2018.

Quadro IV: Correlação das variáveis na construção das duas primeiras componentes principais

	2014		**2018**	
Parâmetros	**PC 1**	**PC 2**	**CP1**	**CP2**
Proporção de variações	Cp 1	PC 2	CP1	CP2
Comprimento da cabeça	49,2	17,4	61,6	7,4
Altura até ao sacro	0,93	-	0,96	-0,12
Altura ao garrote	0,91	-	0,93	-
Largura da cabeça	0,9	0,09	0,89	-
Comprimento dos chifres	0,86	-0,35	0,9	-0,19
Profundidade do tórax	0,82	-	0,83	-0,12
Perímetro torácico	0,81	0,2	0,79	0,26
Largura do crânio	0,81	-	0,81	0,28
Comprimento do crânio	0,81	-0,34	0,87	-0,13
Comprimento escápulo-isquiático	0,8	-0,46	0,88	-
Largura do peito	0,78	0,21	0,82	-
Comprimento do rosto	0,61	-	0,73	-0,16
Comprimento da piscina	0,58	0,59	0,86	-
Comprimento da orelha	0,57	0,67	0,8	-
Circunferência do focinho	0,54	-0,62	0,86	-0,16
Largura da anca	0,35	0,14	0,62	0,28

Largura do ísquio	0,31	0,34	0,47	0,71
Comprimento da cauda	0,12	0,84	0,46	0,46

-CP: Componente principal

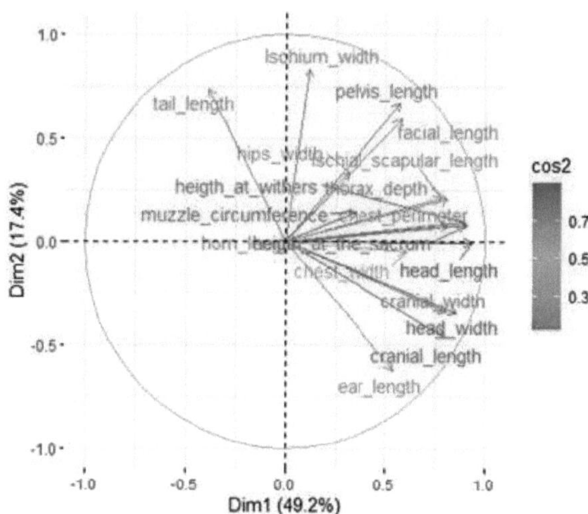

Figura 18: Correlações entre as diferentes variáveis e os diferentes componentes principais 1 e 2 (ano 2014).

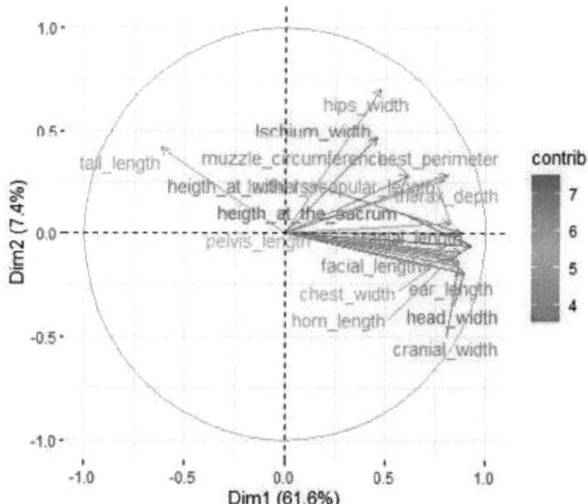

Figura 19: Correlações entre as diferentes variáveis e os diferentes componentes principais 1 e 2 (ano 2018)

O gráfico de distribuição da variabilidade individual construído com os dados de 2014 mostra 4 grupos representativos para cada uma das quatro (4) raças estudadas (figura 20). O Gourounsi de Nahouri (GourN) e o lobi formam um único agrupamento, enquanto os agrupamentos formados pelos taurinos Gourounsis du Sanguie e pelos zebuínos Peul são bastante distintos. No que se refere às caraterísticas individuais, a primeira dimensão do gráfico PCA dos indivíduos permite separar os indivíduos em dois grupos, nomeadamente os que se caracterizam por valores morfológicos elevados, por um lado, e os que se caracterizam por medidas corporais baixas, por outro.

O primeiro grupo é constituído principalmente por Peul zebus, caracterizados por valores elevados para o comprimento do crânio, a largura da cabeça, a largura do crânio, o comprimento da cabeça, a altura do sacro, a altura ao garrote, o comprimento do chifre, o comprimento da orelha, o perímetro torácico e o comprimento escápulo-isquiático. Além disso, o comprimento da cauda e a largura do ísquio não são tão importantes nesta raça.

O segundo grupo é constituído por animais que partilham valores baixos de variáveis como o comprimento escápulo-isquiático, o comprimento pélvico, o comprimento da face, a altura do sacro, a altura ao garrote, a profundidade do tórax, o comprimento da cabeça, o comprimento do corno, o perímetro torácico e a largura do ísquio. No gráfico, este grupo é representado pela sobreposição entre os grupos taurinos do Lobi e os das populações Gourounsi do Nahouri.

O terceiro grupo era constituído principalmente por Gourounsi Nahouri. Os indivíduos do grupo 3 apresentaram valores elevados para o comprimento da cauda, largura do ísquio, comprimento pélvico, comprimento da face e ancas; valores baixos para o comprimento da orelha, comprimento do crânio, largura do crânio, largura da cabeça, largura do peito, altura do sacro, comprimento do chifre, altura do garrote e përimëtre torácico.

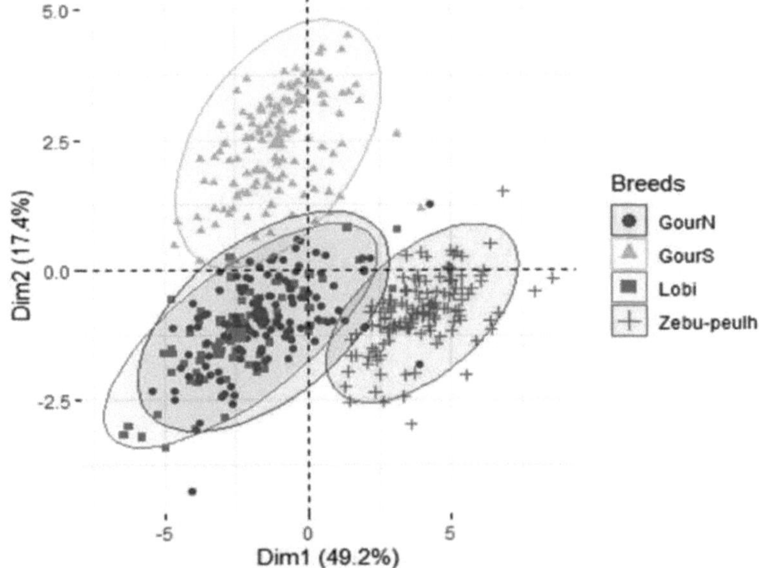

Figura 20: Projeção de indivíduos de diferentes raças (Lobi, Zebu peul e Grourousni Nahouri e Sanguie) no plano bidimensional (1-eixo2) do ano 2014

Em comparação com o gráfico de indivíduos de 2014, o gráfico de 2018 identificou quatro (4) clusters diferentes pertencentes a cada uma das raças ëtudiëes (Figura 21). Em 2018, as três raças de touros formaram um único cluster, enquanto o zebu Fulani formou um cluster distinto que foi bem individualizado do primeiro. A primeira dimensão contrasta indivíduos encorpados com indivíduos magros. Os indivíduos do primeiro grupo têm valores elevados para o comprimento da cabeça, a largura do peito, o comprimento da face, a altura do sacro, o comprimento do crânio, a largura do crânio, a altura ao garrote, o comprimento do chifre, o comprimento pélvico e o comprimento escápulo-isquiático e valores baixos para o comprimento da cauda. O grupo 2 caracteriza-se por valores elevados para o perímetro torácico, a profundidade do tórax, o perímetro do focinho, a largura da cabeça, a altura do sacro, o comprimento da cabeça, a altura ao garrote, a largura da anca, o comprimento das orelhas e o comprimento da face. No entanto, o grupo 2 caracteriza-se por uma cauda curta. O grupo 3 apresenta valores elevados para o comprimento da cauda e valores baixos para o comprimento da cabeça, a altura do sacro, o comprimento da face, a altura ao garrote, a largura da cabeça, a largura do crânio, o comprimento do crânio, o comprimento escápulo-isquiático, o comprimento pélvico e o comprimento do chifre.

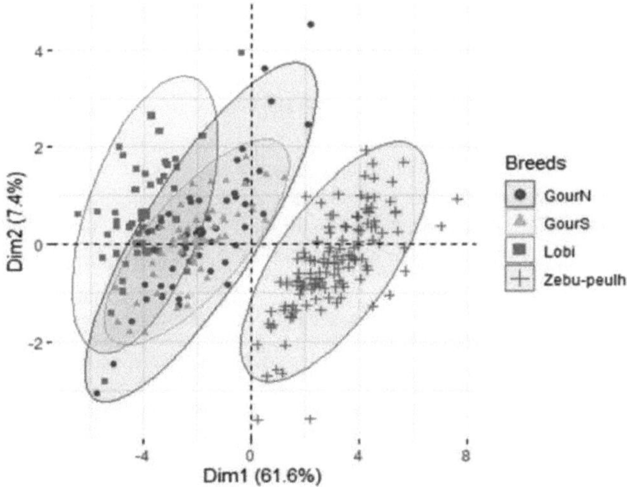

Figura 21: Gráfico bidimensional que mostra a dispersão da variabilidade individual (2018)

Para uma descrição precisa da variabilidade dos dois conjuntos de dados, foi efectuada uma classificação hierárquica ascendente. Além disso, esta classificação foi optimizada através da determinação do melhor número possível de grupos (k), utilizando o método proposto por Kassambara *et al.* (2008). Em 2014, o número ótimo de grupos foi de 3 (Figura 22), enquanto em 2018 foi de 4.

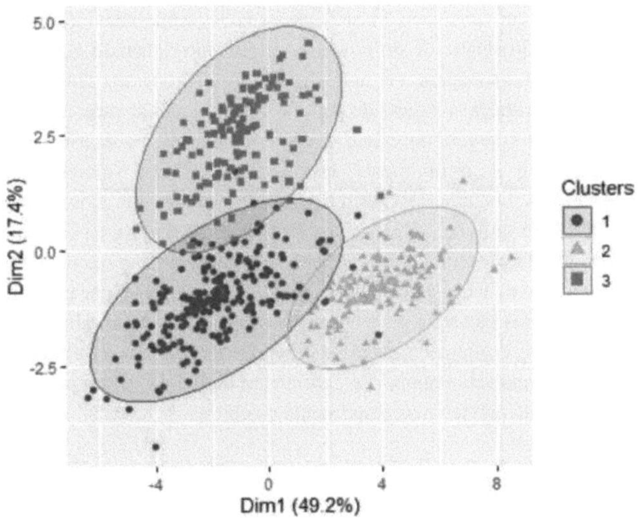

Figura 22: Gráfico de classificação hierárquica ascendente (2014)

Em 2014, o primeiro cluster era constituído principalmente por Lobi (98,15%) e GourN (94,80%), com uma pequena proporção de GourS (7,25%). O segundo grupo era constituído quase exclusivamente por GourS (91,30%). Todos os zebuínos Fulani foram encontrados no grupo 3 (89,79%). No entanto, alguns indivíduos das raças Gourounsi (GourS) (6,08%) e Lobi (2,04%) foram também encontrados neste último grupo (quadro VI).

Tabela V: Composição dos clusters resultantes da classificação (2014)

		Agregado 1			Agregado 2		Agregado 3	
Raças	Cla/Mod	Mod/Cla	Cla/Mod	Mod/Cla	Cla/Mod	Mod/Cla		
GourN		89.1558	.083	.10	3.057	.75	6.80	
Lobi	94.8036	.871	.30		0.763	.90	2.04	
GourS	7.	255.0591	.30		96.18		1.451	.36
Zebu peul		000			0		10089	.79

-Cla/Mod: Classe/Modo ; -Mod/Cla : Classe/Modo

A classificação hiërarquica dos animais de 2018 mostra 1 existência de 4 grupos (Figura 23).

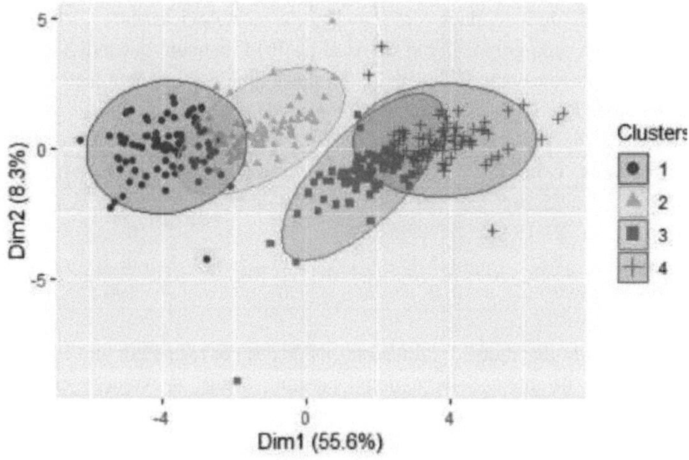

Figura 23: gráfico de classificação hierárquica ascendente (2018)

Com a exceção de uma pequena fração de Fulani zëbus (0,65%), o primeiro grupo é constituído exclusivamente por Lobi taurin (92,45%). O segundo grupo é Oquitableë, composto por taurinas GourN e GourS (60 vs 62,96%). O terceiro e quarto grupos são dominados por Fulani zëbus com algumas taurinas Gourounsi (GourN e GourS) (Tabela VII).

Quadro VI: Composição dos clusters resultantes da classificação (2018)

	Agregado1		**Agregado 2**		**Agregado 3**		**Agregado 4**	
Raças	Cla/mod	Mod/cla	Cla/mod	Mod/cla	Cla/mod	Mod/cla	Cla/mod	Mod/cla
GourN	0	0	60,00	44,11	0	0	4.00	2.,40
GourS	0	0	62,96	50,00	1,85	1,40	0	0
Lobi	92,45	56,32	7,54	5,88	0	0	0	0
Zebu Peulh	0,65	1,14	0	0	46,05	98,59	53,28	97,59

A análise discriminante linear (LDA) foi utilizada para classificar os animais de acordo com as suas semelhanças morfológicas nas suas diferentes raças (Tabela VIII). O GourN foi responsável por 2,31% dos indivíduos mal classificados, incluindo 1,54% classificados como GourS e 0,77% como lobi. 98,7% dos touros lobi foram bem classificados. Esta população parece partilhar

algumas semelhanças morfológicas com GourN ou 1,3% dos lobi mal classificados foram afectados. No entanto, como no gráfico PCA, nenhuma semelhança morfológica foi evidenciada por 1 ALD entre lobi e GourS; 100% dos indivíduos GourS tinham boas classes ëtë.

Quadro VII: Classificação (%) com base na análise discriminante linear (2014)

Classes previstas	**GourN**	**GourS**	**Lobi**	**Zebu peul**
GourN	97,69	1,54	0,77	0
GourS	0	100	0	0
Lobi	1,3	0	98,7	0
Zebu peul	0,75	0	0	99,25

Em 2018, a proporção de indivíduos com semelhanças morfológicas entre GourS e GourN foi de cerca de 20% em cada grupo. Como no ALD de 2014, nenhum dos indivíduos GourS foi classificado erroneamente como lobi. Mas 7,27% dos indivíduos lobi foram ëtës erroneamente classificados como GourS e 5,45% como GourN (Tabela IX).

Quadro VIII: Classificação baseada na análise discriminante linear (2018)

Classes previstas	GourN	GourS	Lobi	Zebu peul
GourN	75,56	20	4,44	0
GourS	21,15	78,85	0	0
Lobi	7,27	5,45	87,27	0
Zebu peul	0	0	0	100

A média dos mínimos quadrados das diferentes medições por raça e por ano é apresentada no quadro X. O efeito da interação raça-tempo permitiu avaliar a evolução morfológica das diferentes raças estudadas ao longo do tempo. Não foi encontrada nenhuma variação significativa entre as medidas dos diferentes anos nos indivíduos da raça GourN. No entanto, com exceção do comprimento da cabeça, përimëtre torácico, largura do peito e circunferência do focinho, todas as medidas corporais dos indivíduos GourS aumentaram significativamenteë entre 2014 e 2018. Do mesmo modo, na raça Lobi, variáveis como o comprimento da face, o comprimento do chifre, a altura ao garrote, a profundidade do peito, o comprimento escápulo-isquiático, o comprimento pélvico, 60

A largura do peito, a largura da anca e o comprimento da orelha aumentaram significativamente entre 2014 e 2018. Em função da sua altura ao garrote, os touros do Burkina podem ser divididos em três grupos: touros pequenos (lobi), touros médios (GourN) e touros grandes (GourS).

Quadro IX: Médias dos mínimos quadrados e erros-padrão para as medidas corporais (2018)

	GourN		**GourS**		**Lobi**	
parâmetros	[2014]	[2018]	[2014]	[2018]	[2014]	[2018]
Comprimento da cabeça	43,41±0,17[a]	42,39±0,23[a]	43,71±0,17[a]	42,69±0,23[a]	40,33±0,22[a]	39,31±0,24[a]
Largura da cabeça	19,38±0,14 [a]	19,46±0,18 [a]	17,79±0,14[a]	17,87±0,18[b]	17,8±0,17[a]	17,88±0,1[a]
Comprimento Grua	21,07±0,12[a]	22,03±0,17[a]	19,55±0,13[a]	20,51±0,16[b]	19,96±0,16[a]	20,91±0,17[a]
Largura Grua	16,38±0,13[a]	16,49±0,17[a]	15,14±0,13[a]	15,24±0,17[b]	15,2±0,16[a]	15,31±0,18[a]
Comprimento Face	22,34±0,15[a]	20,03±0,2[a]	24,83±0,15[a]	22,52±0,2[b]	20,5±0,19[a]	18,19±0,21[b]
Comprimento Chifres	17,49±0,5[a]	18,55±0,66[a]	21,37±0,5[a]	22,43±0,65[b]	14,06±0,62[a]	15,11±0,68[b]
Altura do garrote	95,69±0,43[a]	100,94±0,58[a]	97,46±0,44[a]	102,72±0,57[b]	88,18±0,55[a]	93,43±0,6[a]
Profundidade do peito	49,75±0,24[a]	50,25±0,33[a]	50,96±0,24[a]	51,46±0,32[b]	49,33±0,31[a]	49,83±0,34[b]
Altura do sacro	99,2±0,45[a]	104,5±0,59[a]	101,97±0,45[a]	107,27±0,59[b]	91±0,56[a]	96,3±0,61[a]
Comprimento escápulo-	103,6±0,69[a]	111,01±0,93[a]	115,62±0,7[a]	123,03±0,91[b]	109,45±0,87[a]	116,86±0,96[b]

isquiático						
Comprimento da bacia	34,51±0,29^{a}	31,83±0,38^{a}	40,26±0,29^{a}	37,58±0,38^{b}	33,15±0,36^{a}	30,47±0,39^{b}
Largura Ischions	11,92±0,16^{a}	10,54±0,21^{a}	15,15±0,16^{a}	13,77±0,21^{b}	12,41±0,2^{a}	11,04±0,22^{a}
Comprimento Cauda	98,63±0,86^{a}	95,9±1,15^{a}	108,87±0,86^{a}	106,14±1,14^{b}	88,38±1,08^{a}	85,65±1,19^{a}
	GourN		**GourS**		**Lobi**	
Perímetro Torácica	134,7±0,72^{a}	136,56±1,22^{a}	134,85±0,72^{a}	134,56±1,17^{a}	131,06±0,97^{a}	132,18±1,18^{a}
Largura Peito	15,02±0,18^{a}	14,84±0,3^{a}	15,66±0,18^{a}	15,06±0,29^{a}	16,59±0,24^{a}	12,02±0,29^{b}
Largura da anca	28,29±0,23^{a}	26,97±0,31^{a}	29,86±0,23^{a}	28,54±0,3^{b}	30,96±0,29^{a}	29,64±0,32^{b}
Focinho de circonferência	37,29±0,2^{a}	35,46±0,27^{a}	36,82±0,2^{a}	34,99±0,27^{a}	36,22±0,26^{a}	34,4±0,28^{a}
Comprimento da orelha	37,29±0,2^{a}	35,46±0,27^{a}	36,82±0,2^{a}	34,99±0,27^{b}	36,22±0,26^{a}	34,4±0,28^{b}

^{a,b,c} as médias com as mesmas letras na mesma coluna não são significativamente diferentes a p <0,05

Uma análise de variância multivariada revelou um aumento em todos os traços morfológicos, exceto na largura da cabeça, largura do crânio, comprimento do chifre, profundidade do tórax e përimëtre torácico (tabela XI).

Quadro X: Resultados da análise multivariada entre 2014 e 2018 sobre os touros

Caraterísticas	**Modelo**	**Dl**	**SDC**	**Média**	**Valor de F**	**Valor F**
Comprimento da cabeça	Ano	1	219,3	219,25	30,799	4,56E-08
Largura da cabeça	Residus	522	3716,1	7,11		
Comprimento da grua	Ano	1	0,21	0,2	0,0536	0,817
Largura da grua	Residus	522	2014,24	3,85		
Comprimento Face	Ano	1	86,9	86,89	27,536	2,25E-07
Comprimento dos chifres	Residus	522	1647,3	3,15		
Altura do garrote	Ano	1	0,04	0,035	0,0112	0,9158
Profundidade do peito	Residus	522	1664,45	3,188		
Altura do sacro	Ano	1	774	773,96	112,78	<2,2e-16
Comprimento escápulo-isquial	Residus	522	3582,3	6,86		
Comprimento da bacia	Ano	1	23,4	23,37	0,4572	0,4992
Largura do ísquio	Residus	522	26689,8	51,13		
Comprimento da cauda	Ano	1	234,8	234,76	35,886	3,90E-09
Perímetro torácico	Residus	522	3415	6,54		
Caraterísticas	**Modelo**	**Dl**	**SDC**	**Média**	**Valor de F**	**Valor F**
Largura do peito	Ano	1	1065,1	1065,09	44,81	5,62E-11
Largura da anca	Residus	522	12407,6	23,77		
Circunferência Focinho	Ano	1	1989,1	1989,11	42,794	1,45E-10
Comprimento da orelha	Residus	522	24262,9	46,48		

-Dl: Grau de liberdade, -SDC: Soma de quadrados

III.2 Caracterização molecular das taurinas do Burkina Faso

Um total de 3861 genótipos foram gerados a partir dos 27 microssatélites utilizados. Todos os loci de microssatélites foram rëvëlës polimórficos para 1 conjunto de ëcЬатШопз. O número de aléolos observados por locus (Na) mostra uma grande variabilidade alial entre loci. De facto, 99,97% das 81 combinações de microssatélites apresentaram mais de 4 alelos por locus. Foi observado um total de 219 alelos. O número de alelos por locus ët variou de 3 (INRA035) a 14 (TGLA53) para uma média por população de 6,04; 7,41 e 6,04 para as populações taurinas de Gourounsi (Nahouri e Sanguie) e Lobi, respetivamente. O PIC médio por população foi de 0,54, 0,62 e 0,66 para as populações taurinas de Lobi, Gourounsi du Nahouri e Gourounsi du Sanguie, respetivamente. A maioria dos loci tinha valores de PIC superiores a 0,5, exceto 4 loci na população taurina de Gourounsi du Nahouri (SPS115, INRA035, ILSTS05, ETH185, INRA63), 2 na população taurina de Gourounsi Sanguie (SPS115, INRA035) e 9 loci (INRA035, SPS115, ILSTS05 ; TGLA122, ILSTS006, HEL13, ETH152, INRA023, ETH10) na população de touros Lobi 5 (quadro XII).

Tableau XI: Diversidade alélica e pormenores dos microssatélites utilizados

TamanhoGourounsiGourounsi
alelosNahouriSanguieLobi

Painel Locus	Temperatura de hibridação	Corantes	pb	Na	PIC	Na	PIC	Na	PIC
CSRM60	60°C	FAM	89-107	8	0,70	9	0,71	7	0,61
CSSM66	60°C	FAM	177-197	8	0,75	10	0,62	6	0,55
HEL1	56°C	HEX	98-114	6	0,64	7	0,71	7	0,54
INRA63	56°C	HEX	173-183	5	0,56	5	0,52	4	0,50
BM1824	61°C	ATTO550	183-197	4	0,57	4	0,51	4	0,58
ETH152	60°C	FAM	185-199	6	0,69	6	0,67	4	0,45
			Tamanho do alelo	Gourounsi Nahouri		Gourounsi Sanguie		Lobi	
HAUT27	54°C	HEX	140-150	6	0,64	6	0,60	5	0,58
INRA05	54°C	FAM	134-140	4	0,59	4	0,52	4	0,51
BM1818	60°C	HEX	256-272	7	0,78	9	0,83	7	0,78
ETH3	63°C	FAM	99-125	5	0,57	8	0,70	8	0,52
HEL9	56°C	ATTO550	155-175	9	0,77	9	0,82	8	0,65
ILSTS006	54°C	FAM	284-300	5	0,61	6	0,59	4	0,41
TGLA53	55°C	HEX	151-183	13	0,87	14	0,79	9	0,75
HAUT24	53°C	HEX	103-125	7	0,69	8	0,77	8	0,64
HEL5	54°C	FAM	148-164	8	0,74	7	0,67	7	0,70
INRA032	56°C	ATTO550	164-208	7	0,68	9	0,75	8	0,62
SPS115	61°C	FAM	243-255	4	0,18	5	0,31	4	0,20
ETH185	65°C	ATTO550	224-242	6	0,44	8	0,56	6	0,57
HEL13	54°C	HEX	182-194	5	0,58	5	0,59	4	0,43
ILSTS05	56°C	FAM	178-190	3	0,42	6	0,56	4	0,40
INRA035	60°C	FAM	99-117	4	0,19	5	0,44	3	0,18
TGLA126	54°C	HEX	114-128	7	0,64	7	0,76	7	0,72
BM2113	63°C	FAM	118-142	7	0,75	9	0,77	7	0,64
ETH10	61°C	FAM	207-223	6	0,66	7	0,73	7	0,47
ETH225	63°C	ATTO550	140-160	8	0,72	8	0,76	9	0,65
INRA023	58°C	ATTO550	199-219	6	0,63	8	0,73	7	0,46
TGLA122	58°C	HEX	134-174	9	0,65	11	0,74	5	0,40
Média	-	-	-	6,41	0,62	7,41	0,66	6.04	0,54

Na-número de alelos observados; PIC-Conteúdo de Informação do Polimorfismo, pb-pares de bases

Os valores médios observados e esperados de hëtërozygosity ët foram 0,639 e 0,659, respetivamente, para todas as populações. A heterozigosidade geral observada em cada locus variou de 0,05 (INRA035) a 0,92 (CSRM60), enquanto a heterozigosidade geral esperada variou de 0,2 (SPS115) a 0,9 (TGLA53). Por população, a média observada foi de 0,64, 0,7 e 0,58 para o gado Gourounsi Nahouri, Gourounsi Sanguie e Lobi, respetivamente; enquanto a heterozigotia global esperada foi de 0,67 e 0,71 para o gado Gourounsi (Nahouri e Sanguie) e 0,6 para o Lobi. O FIS médio global foi de 0,028 e variou entre -0,36 (CSRM60) e 0,73 (INRA035). A estimativa mais alta do coeficiente de consanguinidade (FIS) dentro das populações ëtudiëe foi encontradaëe na população taurina Gourounsi de Nahouri (0,06) e a média mais baixa relatada na população sanguínea Gourounsi (0,00). O teste de equilíbrio de Hardy-Weinberg (HWE) revelou 11 combinações de locus x raça, ou seja, 13,58% do total de loci, com desvios significativos (P <0,05) do equilíbrio panmítico (Tabela XIII). Entre as populações, o maior número de loci que se desviaram do equilíbrio HWE (P> 0,05) para o défice de heterozigotia foi observado no gado Gourounsi Nahouri com 4 loci, seguido do gado Gourounsi sanguie e do gado Lobi com 2 loci cada. Além disso, o teste HWE para excës de heterozigotia revelou desvios significativos em 2, 0 e 1 loci, respetivamente, no gado Gourounsi Nahouri, Gourounsi Tenado e Lobi.

Tableau XII: Estimativa do défice de heterozigotos e das heterozigotias esperadas e observadas

LOCUS	**Gourounsi Nahouri**			**Gourounsi Sanguie**			**Lobi**		
	Ho	Ele	PEIXES	Ho	Ele	PEIXES	Ho	Ele	PEIXES
CSRM60	0,84	0,75	-0,12	0,71	0,74	**0,04**	0,92	0,68	-0,36
CSSM66	0,71	0,79	0,09	0,63	0,67	0,05	0,67	0,63	-0,06
HEL1	0,76	0,69	-0,1	0,83	0,76	-0,09	0,51	0,59	0,13
INRA63	0,61	0,64	0,04	0,68	0,61	-0,11	0,5	0,58	0,13
BM1824	0,44	0,63	0,29	0,68	0,57	-0,2	0,69	0,67	-0,04
ETH152	0,61	0,75	**0,18**	0,55	0,73	0,25	0,56	0,55	**-0,03**
HAUT27	0,82	0,7	-0,18	0,7	0,66	-0,07	0,64	0,64	-0,01
INRA05	0,59	0,66	0,09	0,64	0,58	-0,12	0,56	0,58	0,03
BM1818	0,78	0,82	0,04	0,9	0,87	-0,05	0,78	0,82	0,04
ETH3	0,62	0,65	0,03	0,75	0,75	0	0,64	0,6	-0,08
HEL9	0,7	0,81	0,13	0,8	0,86	0,06	0,74	0,69	**-0,08**
ILSTS006	0,83	0,68	**-0,23**	0,68	0,65	-0,04	0,38	0,5	0,22
TGLA53	0,76	0,9	**0,15**	0,74	0,83	**0,1**	0,62	0,79	0,22
HAUT24	0,82	0,74	-0,11	0,74	0,81	0,08	0,76	0,7	-0,1
HEL5	0,73	0,79	0,07	0,74	0,72	-0,03	0,76	0,75	-0,01
INRA032	0,68	0,73	0,07	0,86	0,79	-0,09	0,62	0,68	**0,09**
SPS115	0,21	0,2	-0,08	0,38	0,33	-0,15	0,21	0,22	0,01
ETH185	0,51	0,49	-0,07	0,59	0,6	0,02	0,55	0,62	0,1
HEL13	0,53	0,65	**0,19**	0,59	0,65	0,09	0,49	0,53	0,07
LOCUSGourounsi		**NahouriGourounsi**			**SanguieLobi**				
ILSTS05	0,54	0,54	0	0,71	0,64	-0,11	0,39	0,49	0,19
INRA035	0,05	0,2	**0,73**	0,36	0,51	0,29	0,18	0,2	0,14

TGLA126	0,69	0,7	0,01	0,76	0,8	0,05	0,79	0,77	-0,04
BM2113	0,65	0,79	0,18	0,78	0,81	**0,02**	0,64	0,7	0,08
ETH10	0,57	0,71	0,19	0,79	0,78	-0,02	0,53	0,51	-0,04
ETH225	0,89	0,78	**-0,16**	0,74	0,8	0,08	0,59	0,71	0,17
INRA023	0,61	0,68	0,09	0,76	0,77	0	0,54	0,52	-0,04
TGLA122	0,64	0,71	0,1	0,84	0,77	-0,1	0,44	0,43	-0,02
Média	0,64	0,67	0,06	0,7	0,71	0	0,58	0,6	0,02

Ho- hëtërozygosity observado; He hëtërozygosity esperado; Fis-Estimativa do défice em hëtërozygotes
As estatísticas F globais para as populações estudadas são apresentadas no quadro XIV. Os valores do índice de fixação (FST) por locus variaram de 0,00 (HAUT27) a 0,9 (ILSTS05) com uma média de 0,04 para todos os loci. As estimativas médias de FIT foram de 0,06 e variaram de -0,09 (CSRM60) a 0,41 (ILSTS05).

Tableau XIII: Estatística F

Locus	**FST**		**FIT**	**FIS**
CSRM60	0,04		-0,09	-0,13
CSSM66	0,04		0,08	0,04
HEL1	0,03		0,01	-0,02
INRA63	0,03		0,04	0,02
BM1824	0,08		0,22	0,15
ETH152	0,01		-0,06	-0,08
HAUT27	0		0,01	0,01
INRA05	0,02		0,03	0,01
BM1818	0,02		0,02	-0,01
ETH3	0,05		0,09	0,05
HEL9	0,03	0		-0,03
ILSTS006	0,04	0,2		0,16
TGLA53	0,06		0,04	-0,03
HAUT24	0,04		0,05	0,01
HEL5	0,01		0,03	0,02
INRA032	0		-0,07	-0,08
SPS115	0,01		0,04	0,03
ETH185	0,01		0,13	0,13
HEL13	0,05		0,07	0,02
Locus	**FST**		**FIT**	**FIS**
ILSTS05	0,09		0,41	0,36
INRA035	0,02		0,04	0,02
TGLA126	0,02		0,11	0,1
BM2113	0,05		0,1	0,05
ETH10	0,04		0,08	0,04
ETH225	0,06		0,08	0,02
INRA023	0,08		0,08	0
Total	0,04		0,06	0,03

Efectuando a comparação entre pares de populações, a diferenciação máxima foi observada no par Lobi-Gourounsi Sanguie (0,05) enquanto o par Gourounsi Sanguie-Gourounsi Nahouri foi o menos diferenciado (0,02) (Tabela XV). Além disso, o fluxo de gënes (Nm) por par de populações com base nos valores DE FST foi calculado para todos os pares de populações possíveis. Tal como no caso do FST, o fluxo genético foi elevado entre as populações Gourounsi (Gourounsi Sanguie e Gourounsi Nahouri) e inferior para o par Lobi-Gourounsi Tenado (Tabela XV).

Tabela XIV: Valores de FST entre pares de populações (triângulo inferior) e fluxo genético (Nm) (triângulo superior)

Populações	FGN	FLB	FGT
FGN	-	8,08	12,25
FLB	0,03	-	4,75
FGT	0,02	0,05	-

-FGN: Gourounsi Nahouri, FGT: Gourounsi Sanguie; FLB: Taurins Lobi

A fim de inferërir a estrutura gënëtica críptica das populações de touros no Burkina Faso, os indivíduos das diferentes populações estudadas foram agrupados utilizando uma abordagem Bayesiana. A partir desta análise, verificou-se que K = 2 descreve melhor as raças de touros do Burkina Faso (Figura 24). Assim, assumindo que o número mais provável de populações ancestrais é dois (02) (Figura 25), todas as raças de touros no Burkina Faso são consanguíneas com genes zebuínos. No entanto, a raça Lobi parece ter um nível de introgressão mais baixo do que as populações de gado Gourounsi, cujo nível de introgressão varia entre 20 e 40% consoante o indivíduo (Figura 24).

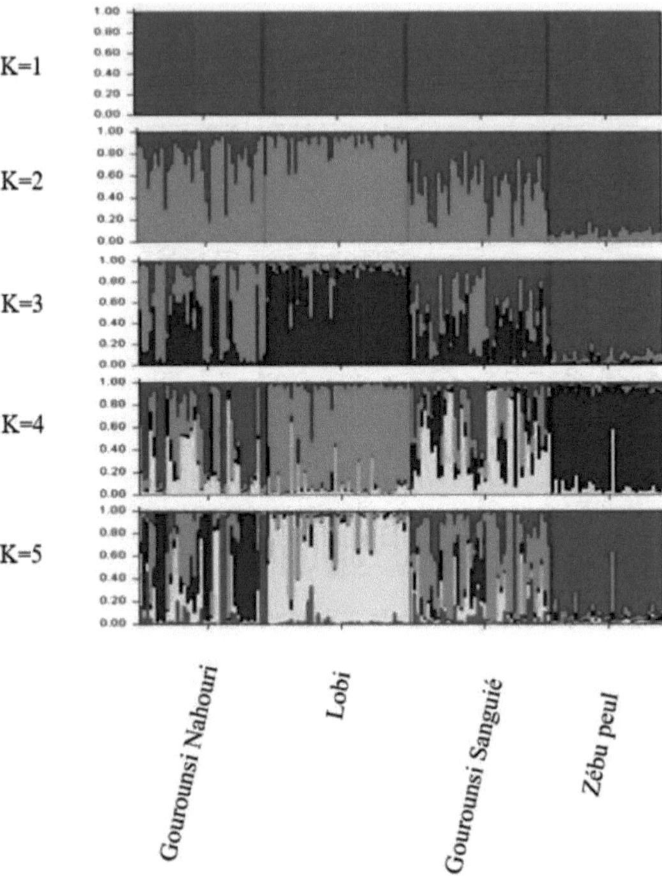

Figura 24: Estrutura genética das populações em K=2

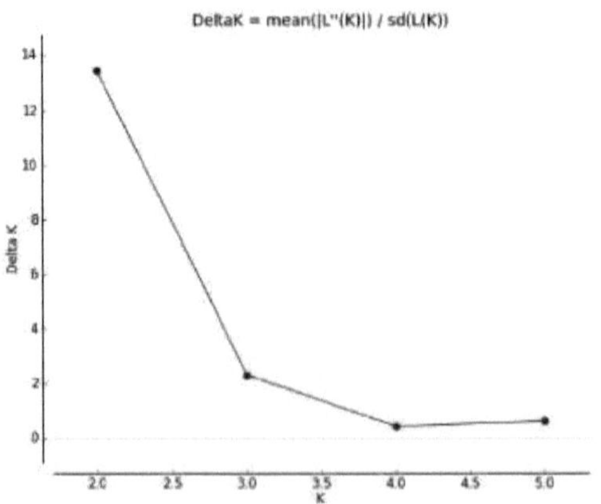

Figura 25: Atribuição genética de indivíduos, probabilidades médias de positividade (L(K))

O dendrograma obtido a partir da matriz de distâncias de alelos partilhados entre populações (POSA POP) mostra que as populações ëtudiëes sëparent em dois clados perfeitamente distintos com um valor de boostrap de 100% (figura 26). O primeiro clado agrupa as populações taurinas de Gourounsi, enquanto o segundo clado é o das taurinas de lobi.

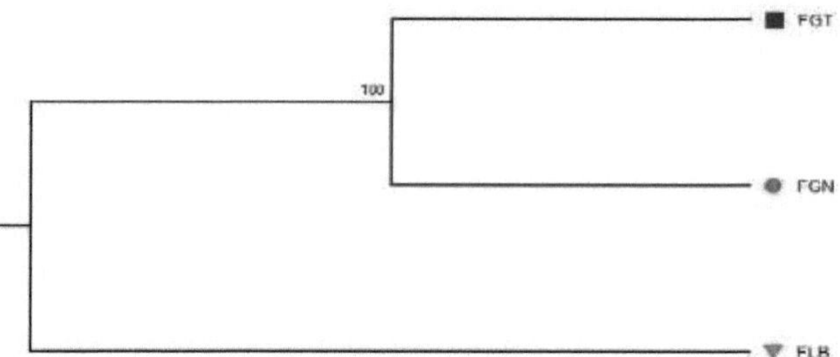

Figura 26: Árvore filogenética inferida a partir da matriz de distância de alelos partilhados pelo algoritmo N.J, mostrando as relações genéticas entre populações. Os nós são suportados por percentagens de bootstrap obtidas após 10.000 replicações.

-FGN: Gourounsi Nahouri, -FGT: Gourounsi Sanguie; -FLB: Taurins Lobi

A árvore de indivíduos evidencia a forte homogënëitë dos indivíduos da raça Lobi, cujos indivíduos se agrupam num cluster homogëneo. Em contrapartida, os clusters formados pelos taurinos Gourounsi não são muito homogéneos e são constituídos por sucessões alternadas de indivíduos pertencentes às duas populações Gourounsi Nahouri e Gourounsi Sanguië. No entanto, os indivíduos da subpopulação Gourounsi Nahouri formam aglomerados que se sobrepõem aos taurinos lobi e aos Gourounsi Sanguië (Figura 27).

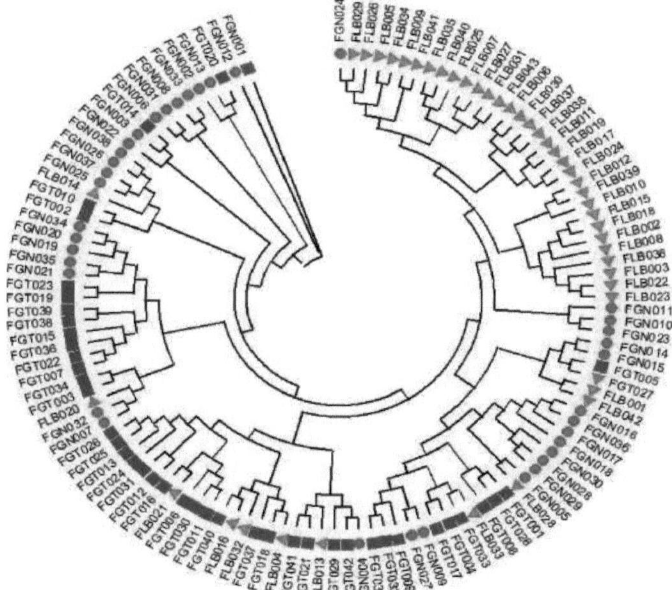

Figura 27: Árvore de ligação entre vizinhos utilizando matrizes de distância baseadas em

alelos partilhados inter-individuais.

Os indivíduos foram atribuídos às suas populações de origem utilizando a abordagem Bayësiana e métodos de verosimilhança. Independentemente do mëtodo de classificação utilizado, os indivíduos pertencentes ëlë população taurina de Lobi foram perfeitamente classificados nas suas populações de origem. Por outro lado, nas populações de touros Gourounsi, os resultados da classificação diferiram de um método para outro, e de uma população para outra. Assim, os taurinos Gourounsi de Nahouri (89 a 94,74%) tiveram melhores pontuações em comparação com os Gourounsi Sanguië (47 a 97,67%) (Tabela XVI).

Tabela XV: Percentagens (%) de indivíduos corretamente atribuídos a agrupamentos gënëticos utilizando diferentes métodos.

Ramnala etBaudouin e LebrunPaetkau *et al.*
Montanha (1997) (2001) (1995)

Raças	N	N.º C.A.	VENDAS	N.º C.A.	VENDAS	N.º C.A.	VENDAS
GourN	38	34	89	36	94,74	36	94,74
GourS	43	20	47	42	97,67	41	95,35
Lobi	42	42	100	42	100	42	100
Total	123	96	78,05	120	97,56	119	96,75

N.º: Número; -N: Números, C.A.: Atribuição correta

Quando uma população enfrenta um estrangulamento recente, há uma redução significativa do tamanho efetivo da população e, assim, a redução do número de alelos é mais rápida do que a redução do número de heterozigotos. O programa BOTTLENECK utilizou três modelos de mutação, nomeadamente o modelo de alelos infinitos (IAM), o modelo de mutação em duas fases (TPM) e o modelo de mutação gradual (SMM), para detetar a existência de estrangulamentos genéticos através de três testes (teste do sinal, teste da diferença padrão e teste de classificação do sinal de Wilcoxon). Os valores de probabilidade obtidos para estes três modelos, utilizando os diferentes testes estatísticos, são apresentados no quadro XVII. Os resultados do teste do sinal mostraram que 23, 21 e 18 loci, respetivamente, apresentavam um excesso de heterozigotia segundo o modelo IAM nas populações taurinas Nahouri du Sanguie e Sud-Ouest (lobi) (quadro XVII). O número esperado de loci com excesso de heterozigotia segundo o modelo de mutação IAM foi de 15,98 para os taurinos Gourounsi de Nahouri, 15,70 para os de Lobi e 15,97 para os taurinos Gourounsi de Sanguie. No entanto, apenas os valores para as populações de touros Gourounsi foram significativos ($P < 0{,}01$). Assim, segundo o modelo de mutação IAM do teste do sinal, os touros Gourounsi desviar-se-iam do equilíbrio mutação-derivado. No entanto, as comparações entre pares (excesso de heterozigosidade observada vs excesso de heterozigosidade esperada) mostraram que, sob o TPM, apenas as populações taurinas Gourounsi mostraram um excesso significativo de heterozigosidade, enquanto nenhum desvio do equilíbrio de mutação derivada foi encontrado sob o modelo de mutação SMM para as três populações. Os testes de diferenças padrão revelaram valores T2 negativos para as três raças nos diferentes modelos de mutação, exceto para o Gourounsi Nahouri no modelo TPM e para todas as populações no modelo IAM. Da mesma forma, o teste unilateral de Wilcoxon para o excesso de diversidade genética revelou um desvio significativo ($P < 0{,}01$) para todas as raças sob IAM, enquanto não foi observado nenhum desvio do equilíbrio de derivação de mutação sob TPM e SMM em todas as populações, exceto para o gado Gourounsi Nahouri sob TPM.

Tabela XVI: Análise das assinaturas de estrangulamentos populacionais recentes utilizando o teste de Wilcoxon.

Teste	Parâmetros	Gourounsi Nahouri			Lobi			Gourounsi Sanguib		
		IAM	TPM	SMM	IAM	TPM	SMM	IAM	TPM	SMM
Teste do sinal	N.º esperado de loci com excesso de He	15,98	15,95	16,05	15,7	16,04	16,07	15,97	16,06	15,89
	N.º observado de loci com excesso de He	23	20	8	18	10	2	21	17	5
	Valor P	0,003	0,079	0,001	0,243	0,015	0	0,035	0,436	0
Teste de diferenças normalizado	Valor T2	3,032	0,61	-4,145	0,864	-2,604	-9,131	2,686	-0,343	-6,392
	Valor P	0,001	0,27	0	0,193	0,004	0	0,003	0,365	0
Teste de classificação do sinal de Wilcoxon	Valor P (uma cauda para o excesso de He)	0,001	0,027	0,998	0,097	0,984	1	0	0,365	0,999

Os valores de p correspondem a testes de Wilcoxon unilaterais que mostram um excesso significativo de heterozigotia; S*: p < 0,0001 = altamente significativo; NS: não significativo.*

Além disso, o mëtodo gráfico qualitativo baseado na frequência de aliados raros mostrou uma curva normal em forma de L, nas três populações de bovinos taurinos o que refuta que a população não tenha sofrido nenhuma redução recente de tamanho (Figura 28).

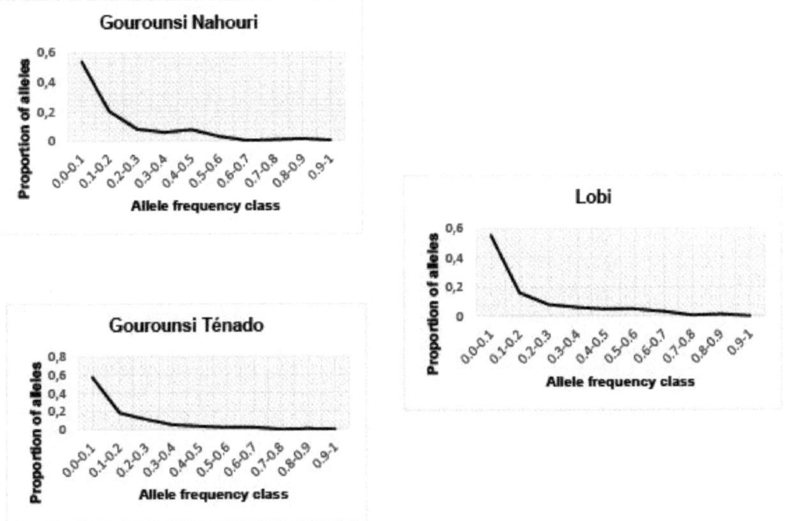

Figura 28: Resultados da análise Shift Mode que mostram a distribuição L das frequências alélicas nas populações de touros (a) Gourounsi Nahouri, (b) Lobi e (c) Gourounsi Sanguie.

III.3. Resultados da caraterização molecular do gado da África Ocidental.

Os índices básicos de diversidade gënëtica estão prësentës na Tabela XVIII. Um total de 20520 genótipos foram gerados nos 27 loci STR utilizados neste estudo. O número médio de alelos observados (Na) variou de 3,7 (N'Dama) a 7,67 (Árabe Puro) (Tabela XVIII). A heterozigotia média observada e esperada variou entre (0,508 e 0,715) e (0,577 e 0,748), respetivamente. A heterozigosidade média geral observada mais elevada (raças agrupadas por região e tipo) foi observada em populações cruzadas da África Ocidental (0,704), enquanto o valor Ho médio geral mais baixo foi registado em populações zebuínas asiáticas (0,597). Foi observado um padrão semelhante para a heterozigotia média esperada; os cruzamentos da África Ocidental tiveram o valor mais elevado (0,727) e o valor mais baixo foi encontrado em populações de touros europeus (0,627). O défice de heterozigotia estimado (ESD) variou de -0,004 (Bororo Burkina) a 0,096 (Goudali Burkina) nas populações zebuínas da África Ocidental, enquanto no Paquistão variou de 0,124 (Red Sindhi) a 0,060 (Tharparkar). Nas populações de touros da África Ocidental, os valores de FIS variaram de 0,009 (Gourounsi Sanguie) a 0,094 (Lagunaire), enquanto nas populações de touros europeus, o défice de heterozigotia estimado variou de 0,000 (Ayreshire) a 0,067 (Fleckvieh / Simmental).

Quadro XVII: Resumo dos parâmetros de variabilidade genética das populações bovinas da África Ocidental, da Europa e da Ásia

Tipo	País	Raças	Código de corrida	N	Na	Ho	Ele	FIS	N.º de loci Deviante de HWE	
									Ele Défice	Ele Excede
África de l'Ouest -	Benim	Zebu Peuhl	EZP	34	7	0,67	0,699	0,04	4	0
	Burquina Faso Faso	Bororo Burquina Faso	FBO	20	6,37	0,70	0,70	0,00	2	1
	Burquina Faso Faso	Goudali	FGO	37	6,96	0,65	0,71	0,10	7	0
	Níger	Árabe puro	NAR	52	7,67	0,71	0,73	0,02	6	2
	Níger	Bororo Diffa	NBD	29	6,56	0,70	0,71	0,02	2	0
	Níger	Sítio Bororo Kouri	NBK	50	6,96	0,66	0,69	0,04	6	1
	Níger	Bororo Maaoua	NBM	30	6,33	0,64	0,66	0,03	2	0
Cruzes d'Afriq	Benim	Borgou x Zebu	EBZ	23	7,19	0,69	0,73	0,06	3	0
Oeste	Níger	Kouri x Árabe	NKA	29	6,74	0,71	0,73	0,03	6	1
	Níger	Kouri x Bororo	NKB	40	7,22	0,72	0,72	0,01	3	4
Toureiros d'Afriq	Benim	Borgou	EBG	14	6,07	0,70	0,75	0,07	7	0
Oeste	Níger	Kouri Pur	NKO	36	6,85	0,69	0,72	0,05	5	1
	Benim	Lagoa	ELN	23	5,3	0,54	0,6	0,09	6	0

						3	0			
Tipo	**País**	**Raças**	**Código Raça**	**N**	**Na**	**Ho**	**Ele**	**PEIXES**	**N.º de loci Deviante de HWE** Ele **Défice**	 Ele **Excesso**
	Burquina Faso Faso	Gourounssi Nahouri	FGN	40	6,5 9	0,64	0,6 7	0,05	4	2
	Burquina Faso Faso	Gourounssi Sangrento	FGT	39	7,3	0,70	0,7 1	0,01	3	0
	Burquina Faso Faso	Lobi Bouroum	FLB	41	6	0,58	0,6 0	0,03	2	1
	Mali	N'Dama	MND	8	3,7	0,51	0,5 8	0,13	3	0
Toureiros Europa	Índia	Jersey De raça pura	IJR	33	4,5 6	0,62	0,6 3	0,01	2	1
	Índia Sri Lanka	HF Puro-sangue	ILH	53	6,8 5	0,68	0,7 2	0,05	6	1
	Sri Lanka	Ayreshire	LAY	27	5,1 9	0,68	0,6 8	0,00	2	1
	Áustria	Fleckvieh/Sim mental	AFS	42	5,8 1	0,61	0,6 5	0,07	5	0
Zebu Asiático	Paquistão	Sindi Vermelho	PRS	30	6,9 6	0,61	0,6 9	0,12	6	0
es	Paquistão	Tharparkar	PTP	30	5,6 7	0,59	0,6 2	0,06	7	1

As estatísticas F são apresentadas na Tabela XIX. A estimativa média do coeficiente de endogamia (FIS) para todas as populações combinadas é de 0,040±0,010 e varia entre -0,015±0,031 (SPS115) e 0,233±0,042 (INRA035). Dos 27 loci estudados, 4 apresentaram um excesso de heterozigotos (ILSTS006, SPS115, INRA023 e TGLA122). Três (03) destes mesmos loci (ILSTS006, SPS115, INRA023) também apresentaram um excesso de heterozigotos em populações de bovinos africanos. Além disso, 3 outros loci apresentaram um excesso de heterozigotos nas populações africanas: CSRM60, BM1824 e TGLA126. A diferenciação genética atribuída a diferenças de raça (todas as populações combinadas) foi de 11,6%, ao passo que foi de 5,4% nas populações da África Ocidental.

Quadro XVIII: Estatísticas F globais (média ± desvio-padrão)

	Todas as raças (africanas, europeias e asiáticas)			**Gado da África Ocidental**		
Locus	EM FORMA	FST	PEIXES	EM FORMA	FST	PEIXES
CSRM60	0,108±0,030	0,100±0,029	0,010±0,027	0,038±0,027	0,043±0,016	-0,005±0,034
CSSM66	0,141±0,040	0,119±0,036	0,024±0,020	0,072±0,022	0,040±0,014	0,033±0,020
HEL1	0,195±0,042	0,172±0,036	0,028±0,025	0,085±0,036	0,060±0,018	0,027±0,030
INRA63	0,199±0,041	0,177±0,042	0,027±0,024	0,094±0,040	0,043±0,021	0,053±0,030
BM1824	0,080±0,031	0,068±0,014	0,013±0,028	0,023±0,035	0,038±0,013	-0,016±0,035
ETH152	0,211±0,043	0,197±0,037	0,019±0,039	0,134±0,051	0,099±0,033	0,039±0,050

HAUT27	0,163±0,031	0,074±0,020	0,096±0,032	0,122±0,037	0,034±0,010	0,091±0,040
INRA05	0,068±0,028	0,065±0,026	0,003±0,025	0,032±0,026	0,021±0,007	0,011±0,029
BM1818	0,128±0,026	0,089±0,023	0,043±0,020	0,084±0,025	0,042±0,010	0,043±0,025
ETH3	0,145±0,040	0,121±0,038	0,028±0,023	0,111±0,033	0,079±0,032	0,035±0,023
HEL9	0,089±0,027	0,075±0,021	0,015±0,024	0,060±0,026	0,048±0,015	0,013±0,025
ILSTS006	0,082±0,052	0,086±0,023	-0,005±0,038	-0,012±0,041	0,036±0,013	-0,050±0,036
HAUT24	0,160±0,029	0,103±0,022	0,064±0,028	0,103±0,020	0,045±0,016	0,061±0,024

	Todas as raças (africanas, europeias e asiáticas)			**Gado da África Ocidental**		
Locus	EM FORMA	FST	PEIXES	EM FORMA	FST	PEIXES
HEL5	0,288±0,038	0,123±0,034	0,188±0,036	0,230±0,032	0,043±0,013	0,196±0,041
INRA032	0,174±0,044	0,156±0,039	0,021±0,024	0,077±0,034	0,063±0,021	0,015±0,025
SPS115	0,150±0,085	0,162±0,076	-0,015±0,031	-0,010±0,027	0,034±0,011	-0,046±0,028
ETH185	0,192±0,029	0,109±0,025	0,093±0,024	0,166±0,038	0,058±0,024	0,114±0,029
HEL13	0,244±0,040	0,192±0,039	0,064±0,023	0,151±0,034	0,082±0,025	0,075±0,026
ILSTS05	0,117±0,033	0,086±0,021	0,033±0,027	0,095±0,041	0,046±0,016	0,051±0,034
INRA035	0,310±0,052	0,099±0,035	0,233±0,042	0,193±0,040	0,036±0,016	0,164±0,038
TGLA126	0,092±0,026	0,089±0,018	0,003±0,018	0,046±0,027	0,052±0,017	-0,006±0,020
BM2113	0,149±0,042	0,107±0,025	0,047±0,028	0,071±0,029	0,068±0,016	0,003±0,022
ETH10	0,151±0,030	0,133±0,022	0,021±0,018	0,097±0,031	0,092±0,023	0,005±0,021
ETH225	0,143±0,034	0,127±0,025	0,019±0,020	0,072±0,040	0,060±0,022	0,012±0,026
INRA023	0,125±0,038	0,129±0,028	-0,005±0,022	0,057±0,035	0,081±0,025	-0,026±0,024
TGLA122	0,116±0,037	0,116±0,028	-0,001±0,018	0,068±0,027	0,056±0,015	0,012±0,019
Total	0,151±0,011	0,116±0,007	0,040±0,010	0,087±0,010	0,054±0,004	0,034±0,011

Os valores das distâncias Nei entre pares de populações variam de 0,033 (Zebu Peuhl-Borgou) a 0,311 (Jersey Purebred-Tharparkar). A distância gënëtica de Nei por par de populações varia entre 0,047 (Benin Zebu Peuhl - Bororo site Kouri) e 0,595 (Fleckvieh / Simmental-Tharparkar) (tabela XX).

TabelaXIX: FST por pares de populações (triângulo superior) e distâncias Nei gënëtic (triângulo inferior).

	PRS	PTP	EZP	FBO	FGO	NAR	NBD	NBK	NBM	EBZ	NKA	NKB	EBG	ELN	FGN	FGT	FLB	E	NKO	IJR	ILH	LAY	AFS
PRS	PRS	-	0,06	0,095	0,086	0,07	0,077	0,081	0,12	0,12	0,096	0,078	0,099	0,085	0,227	0,177	0,133	0,241	0,243	0,099	0,257	0,208	0,221
PTP	PTP	0,124	-	0,151	0,141	0,12	0,123	0,126	0,162	0,175	0,145	0,127	0,148	0,142	0,285	0,229	0,182	0,284	0,305	0,146	0,311	0,258	0,271
EZP	EZP	0,183	0,239	-	0,008	0,019	0,02	0,022	0,013	0,012	0,013	0,018	0,015	0,009	0,139	0,081	0,048	0,116	0,146	0,036	0,19	0,157	0,177
FBO	FBO	0,201	0,251	0,066	-	0,01	0,013	0,02	0,013	0,02	0,012	0,018	0,022	0,015	0,149	0,084	0,045	0,125	0,157	0,033	0,198	0,157	0,179
FGO	FGO	0,164	0,215	0,059	0,073	-	0,011	0,032	0,034	0,039	0,011	0,017	0,027	0,011	0,151	0,093	0,051	0,132	0,158	0,035	0,189	0,154	0,172
NAR	NAR	0,182	0,229	0,063	0,077	0,05	-	0,017	0,037	0,046	0,01	0,011	0,014	0,017	0,122	0,065	0,035	0,11	0,128	0,018	0,173	0,146	0,152
NBD	NBD	0,19	0,236	0,068	0,089	0,085	0,059	-	0,042	0,045	0,022	0,013	0,02	0,023	0,138	0,068	0,045	0,116	0,14	0,027	0,195	0,15	0,164
NBK	NBK	0,207	0,241	0,047	0,067	0,066	0,069	0,086	-	0,016	0,024	0,037	0,029	0,026	0,139	0,092	0,058	0,113	0,142	0,053	0,188	0,161	0,184
NBM	NBM	0,209	0,248	0,058	0,086	0,085	0,103	0,105	0,053	-	0,043	0,04	0,033	0,039	0,163	0,11	0,066	0,137	0,173	0,058	0,209	0,177	0,199
EBZ	EBZ	0,219	0,255	0,064	0,083	0,068	0,069	0,089	0,069	0,102	-	0,012	0,01	0,003	0,102	0,046	0,025	0,079	0,112	0,015	0,168	0,139	0,157

NKA	NKA	0,19	0,242	0,074	0,089	0,069	0,062	0,073	0,082	0,102	0,076	-	0,015	0,015	0,133	0,074	0,041	0,11	0,139	0,022	0,186	0,143	0,162
NKB	NKB	0,205	0,252	0,061	0,092	0,071	0,061	0,073	0,07	0,085	0,07	0,061	-	0,019	0,126	0,059	0,036	0,092	0,121	0,011	0,176	0,142	0,16
EBG	EBG	0,22	0,267	0,085	0,106	0,093	0,105	0,111	0,087	0,112	0,091	0,099	0,089	-	0,115	0,062	0,027	0,103	0,119	0,024	0,168	0,125	0,152
ELN	ELN	0,393	0,452	0,224	0,237	0,241	0,209	0,227	0,217	0,258	0,204	0,235	0,223	0,222	-	0,053	0,065	0,068	0,092	0,117	0,205	0,165	0,189
FGN	FGN	0,311	0,374	0,14	0,137	0,154	0,126	0,128	0,146	0,177	0,117	0,143	0,127	0,151	0,132	-	0,022	0,033	0,058	0,053	0,154	0,13	0,143
FGT	FGT	0,245	0,291	0,093	0,098	0,098	0,081	0,097	0,102	0,126	0,085	0,098	0,093	0,11	0,142	0,067	-	0,05	0,074	0,032	0,148	0,119	0,133
FLB	FLB	0,391	0,436	0,181	0,189	0,2	0,173	0,181	0,181	0,214	0,15	0,177	0,159	0,193	0,118	0,078	0,087	-	0,063	0,094	0,196	0,168	0,189
MND	MND	0,461	0,514	0,267	0,277	0,283	0,251	0,255	0,257	0,294	0,244	0,26	0,241	0,256	0,178	0,153	0,174	0,133	-	0,107	0,211	0,177	0,193
NKO	NKO	0,214	0,253	0,087	0,103	0,082	0,063	0,078	0,095	0,115	0,074	0,071	0,048	0,104	0,211	0,113	0,089	0,154	0,22	-	0,177	0,144	0,152
IJR	IJR	0,533	0,584	0,364	0,376	0,38	0,349	0,373	0,363	0,393	0,341	0,384	0,355	0,38	0,317	0,275	0,295	0,279	0,356	0,353	-	0,095	0,133
ILH	ILH	0,469	0,54	0,338	0,356	0,339	0,327	0,336	0,343	0,366	0,329	0,333	0,31	0,332	0,297	0,269	0,268	0,273	0,355	0,311	0,185	-	0,066
LAY	LAY	0,505	0,564	0,38	0,398	0,369	0,347	0,37	0,386	0,409	0,369	0,368	0,356	0,378	0,326	0,295	0,296	0,3	0,362	0,336	0,242	0,148	-
AFS	AFS	0,544	0,595	0,427	0,421	0,418	0,398	0,431	0,403	0,449	0,392	0,415	0,403	0,416	0,397	0,361	0,364	0,374	0,459	0,394	0,309	0,259	0,328

Os resultados da Análise de Variância Molecular (AMOVA) estão prësentës na Tabela XXI. Todas as populações agruparamëes; a principal fonte de variação é atribuída a diferenças dentro das populações (88,41%) quando a variabilidade entre populações foi de 11,59%. Quando as populações foram agrupadas de acordo com o seu tipo genético (*Bos indicus vs Bos taurus*), a variação dentro das populações foi estimada em 87,04%, enquanto a variação entre grupos diminuiu para 7,63%. Os restantes 5,34% da variabilidade são atribuídos a diferenças entre populações dentro dos grupos. Um nível semelhante de variabilidade é encontrado quando as populações são agrupadas de acordo com o tipo de raça, origem e pureza.

Quadro XX: Resultados da análise de variância molecular

Grupos	Fonte de variação	d.l	Soma das arestas	Composição do desvio	Variação percentual	P
Sem agrupamento	Entre populações	22	1284,00	0,79	11,59	0,000
	Nas populações	1497	9083,41	6,06	88,41	0,000
Agrupamento I (Por tipo de gado)	Entre grupos	4	740,83	0,53	7,63	0,000
	Entre populações dentro de grupos	18	543,17	0,37	5,34	0,000
	Nas populações	1497	9083,41	6,06	87,04	0,000
Grupo II (Grupo I - PRS, PTP (zebuínos	Entre grupos	5	795,51	0,54	7,79	0,000
	Entre	17	488,49	0,34	5,02	0,000

paquistaneses); Grupo II - EZP, FBO, FGO, NAR, NBD, NBK, NBM (zebuínos africanos); Grupo III - EBZ, NKA, NKB (cruzados africanos); Grupo IV - ELN, FGN, FGT, FLB, MND (toureiros africanos); Grupo V - IJR, ILH, LAY, AFS (toureiros europeus);	populações dentro de grupos					
	Nas populações	1497	9083,41	6,06	87,20	0,000

Grupos	Fonte de variação	d.l	Soma de carres	Composição do desvio	Variação percentual	P
Grupo VI - NKO, EBG (touros africanos puros)						
Grupo III (Grupo I - PRS, PTP (zebu	Entre grupos	4	771,51	0,57	8,27	0,000
Paquistão); Grupo II - EZP, FBO, FGO, NAR, NBD, NBK, NBM, NKO, EBG (zebuínos e taurinos	Entre populações dentro de grupos	18	512,49	0,34	4,95	0,000
Grupo III - EBZ, NKA, NKB (toureiros cruzados africanos); Grupo IV - ELN, FGN, FGT, FLB, MND (toureiros africanos); Grupo V - IJR, ILH, LAY, AFS (toureiros europeus).	Nas populações	1497	9083,41	6,06	86,79	0,000

-dl: grau de HЬeЛë

A sclk'ina clássica do zëbu da África Ocidental descendente do *B. indicus* asiático é respeitada na árvore NJ (Figura 29a). De acordo com esta primeira observação, as raças bovinas europeias e certas raças de touros africanos formam um clado sëparë. Este clado encontra-se numa posição intermédia entre os clados formados por zëbus e croisës supostamente puros. Surpreendentemente, o Kuri taurino partilha o mesmo clado com os mëtis do cruzamento Bororo x kuri. O Borgou (EBG) do Bënin compartilha o clado zëbus puro com um alto valor de bootstrap (73%). Isso sugere a provável introgressão e difërença no nível de introgressão de kuri e EBG *B. indicus*. Além disso, apesar da existência de croisës (zebu-taurinos) em nossa ëtude, é intëressante notar que nem todos os mëtis se agrupam. De facto, verifica-se que a EZB (Zëbu peul x Borgou) e a NKA (Kouri x Arabe) estão mais próximas das estirpes zëbu do que a NKB (Kouri x Bororo). Esta observação revela a existência de diferentes níveis de introgressão nas várias populações cruzadas.

As raças енropëenne e paquistanesas agrupam-se e formam sëparës clados. Os taurinos africanos também formam ë um clado sëparë, embora raças como FGN (Gourounsi Nahouri), FGT (Gourounsi Sanguië) e EBG (Borgou) estejam próximas do clado Юпиë por zëbus africanos. Além disso, a raça Kouri partilha o mesmo clado que os croisës (Figura 29b).

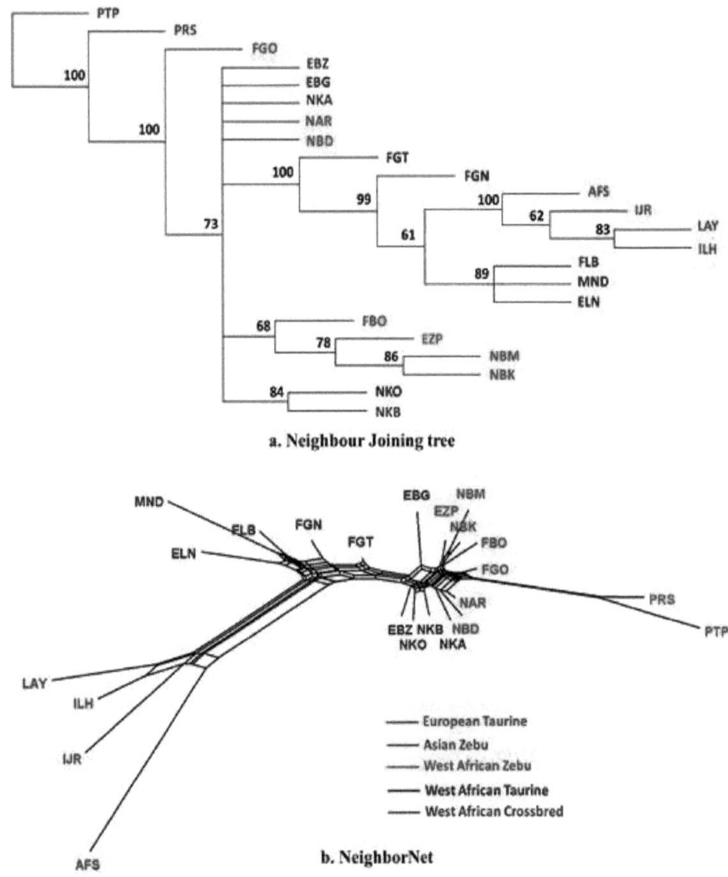

Figura 29: (a) Árvore filogenética inferida a partir da matriz de distâncias de Nei partilhada pelo algoritmo N.J mostrando as relações genéticas entre populações. Os nós são suportados por percentagens de bootstrap obtidas após 10.000 replicações. (b) Rede N.J inferida a partir da matriz de distância de partilha de Nei

A primeira dimensão permite distinguir claramente entre touros, por um lado, e zëbus e croisës, por outro. A segunda dimensão permite separar as raças de touros africanos e mëtisses, por um lado. A segunda dimensão permite igualmente separar as raças de touros da África Ocidental e as da Europa (Figura 30).

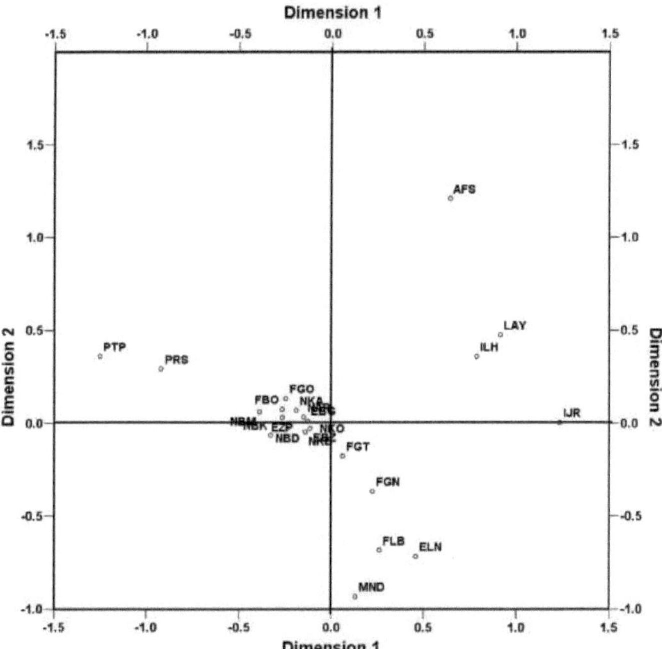

Figura 30: Representação multidimensional da FST por par em gado zebu, touro e cruzado na África Ocidental.

Os taurinos europeus (CET) e os zëbus asiáticos (ASZ) representam dois apêndices diferentes e bem separados no diagrama de dispersão; enquanto as populações taurinas da África Ocidental, os metis e os zebus se encontram numa posição intermédia (Figura 31). No entanto, o kuri, uma raça de touro supostamente pura, sobrepõe-se ao grupo formado pelos zebus da África Ocidental. Como nalgumas populações taurinas, os cruzamentos também se sobrepõem aos grupos formados pelos zebus e pelos taurinos da África Ocidental.

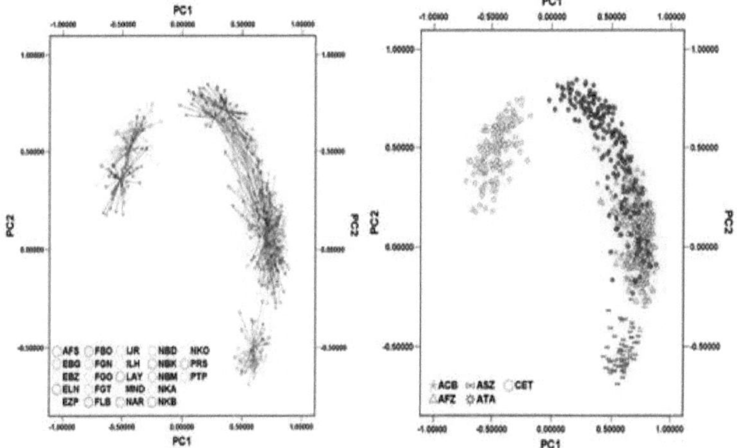

Figura 31: Diagrama de dispersão do primeiro e segundo maiores componentes principais derivados da distância inter-individual de alelos partilhados por pares de populações entre bovinos zebuínos, taurinos e cruzados da África Ocidental. (ASZ - Zebu da África Ocidental; ATA - Taurino da África Ocidental; ACB - Metis da África Ocidental)

Partindo do princípio de que o número mais provável de antepassados é 2, as populações foram agrupadas em 2 grupos. As populações taurinas europeias foram claramente distinguidas de todas as populações africanas. Estas foram identificadas como partilhando material gënëtico com zëbus asiáticos (Figura 32). A k = 3, todas as populações africanas de touros são diferentes das suas congéneres europeias. No entanto, os Kuri ëtaient complement introgressës par le zebu (90%). A este nível, nenhum agrupamento apareceu entre zebu africano, metis africano e zebu asiático. Em k = 4, a diferença entre zebu africano e asiático é claramente feita. No entanto, os zebuínos africanos e os metis continuam a agrupar-se. Com exceção das populações N'dama, Lobi Bouroum e Lagunaire, todas as raças de touros africanos supostamente puras são consanguíneas com o genótipo zebu. Os touros Gourounsi Sanguie apresentam o nível mais elevado de introgressão, que é de cerca de 30%. K = 5 parece ser o número mais provável de antepassados comuns para distinguir claramente as populações estudadas. A este respeito, todas as populações estão claramente separadas e os seus genótipos bem representados. Surpreendentemente, nesta fase, todos os zebuínos africanos são introgredidos e populações como Bororo Diffa e Arabe Pure mostraram um nível de introgressão semelhante ao encontrado na população cruzada Kuri x Arab e Kuri x Bororo (cerca de 80%).

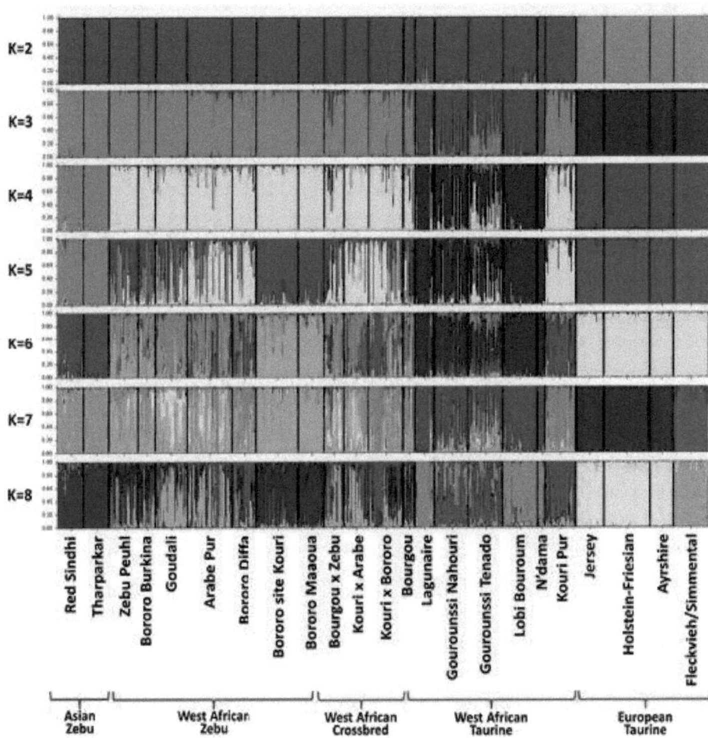

Figura 32: Agrupamento bayesiano de 760 bovinos sob a hipótese de 2 a 8 clusters sem informação prévia sobre as populações.

CAPÍTULO IV

DISCUSSÃO

IV.1 Caracterização morfo-biométrica

As medições morfológicas são um excelente meio de inferir a variabilidade gënëtica dentro e entre populações animais. De facto, muitos trabalhos de caraterização foram realizados em muitas espécies animais em todo o mundo para estabelecer a diversidade intra e interpopulacional (Ndumu *et al.*, 2008; Khan *et al.*, 2013; Boujenane e Petit, 2016; Traore *et al.*, 2016). Com base nas suas caraterísticas morfológicas, as populações de touros do Burkina Faso podem ser divididas em 3 subgrupos de acordo com o tamanho. Do mais pequeno para o maior, estes são o Lobi, o GourN e o GourS. Observações semelhantes foram registadas por Traore *et al* (2016). Estas observações corroboram os resultados obtidos por Rege *et al.* (1994) em raças de touros da África Ocidental. Foram observadas alterações nos parâmetros morfológicos tanto dentro como entre populações. Esta evolução afectou a distribuição da variabilidade entre 2014 e 2018. A análise de componentes principais indica que em 2014, as populações de touros no Burkina Faso estavam estruturadas de acordo com a sua morfologia. O GourS formava uma população distinta do lobi e do GourN.

Com base nos dados de 2014, o GourS diferia das outras populações de touros na medida em que parecia constituir uma população de pleno direito, distinta das outras duas populações de touros. No entanto, em 2018, o aumento das medições registadas nas populações taurinas Lobi e GourN resultou numa sobreposição entre os círculos de agrupamento destas duas populações. Esta sobreposição reflecte a fraca estruturação das populações de touros no Burkina Faso em 2018. No entanto, a classificação hierárquica ascendente indicou que: a) o cluster formado pelo lobi é homogéneo, b) existe uma homogeneização do GourS e do GourN que estão agrupados no mesmo cluster. Comparando os resultados de 2014 e 2018, a análise de componentes principais e a ALD indicam uma homogeneização das populações GourS e GourN em 2018. As causas prováveis seriam a existência de um fluxo genético significativo entre estas duas populações ou a introgressão do zebu nestas duas populações. Ibeagha-Awemu & Erhardt (2005), num estudo sobre populações taurinas e zebuínas em África, mostraram que populações vizinhas tendem a diferir pouco devido à existência de um fluxo genético significativo. Foram registadas na ALD provas de intercâmbio reprodutivo entre estas duas populações. De facto, cerca de 20% dos GourS e GourN foram reciprocamente mal classificados na população vizinha. Este resultado evidencia a existência de um possível fluxo genético entre estas duas populações. A província de Sanguie, onde os GourS foram amostrados, caracteriza-se por uma pluviosidade média que, à medida que a estação seca se aproxima, obriga alguns pastores a migrarem para oeste, para Nahouri, onde a pluviosidade é mais generosa e as pastagens são mais luxuriantes. Tal como em vários países da África Ocidental, o Burkina Faso caracteriza-se pela ausência de programas de seleção e por um sistema de reprodução extensivo dominado pela transumância e pelo acasalamento panmítico nas pastagens (Traore *et al.*, 2016). Assim, 1 a existência de trocas reprodutivas entre estas populações nas pastagens poderia explicar a sua homogeneização.

No entanto, em 2014, apenas 1,5% dos GourN foram erroneamente classificados como GourS, mas entre 2014 e 2018, nenhuma mudança significativa foi feita no sistema de criação em Burkina Faso. Além disso, os touros Gourounsi (GourS e GourN) em 2014 tinham médias morfológicas claramente superiores às dos Lobi. Em 1987, quando descreveu as populações de touros Gourounsi, Planchenault referiu-se a elas como "meros". Mere é uma designação local Fulani para os metis, resultado do cruzamento entre zebuínos e taurinos. Assim, a diferença entre os taurinos de Lobi e os taurinos de Gourounsi poderia estar ligada ao facto de os Gourounsis terem sido retrogradados por genes zebuínos. Por conseguinte, a segunda hipótese, segundo a qual uma homogeneização das populações taurinas de Gourounsi em 2018 resultaria da introgressão de genes zebuínos nessas populações, é perfeitamente plausível e deve também ser tomada em consideração. Consequentemente, e visto deste ângulo, as diferenças morfológicas registadas entre GourS e GourN poderiam ser explicadas pela diferença do nível de introgressão de genes zebu nestas duas populações.

Estudos sobre o nível de introgressão das raças bovinas africanas efectuados por Hanotte *et al* (2002) e Freeman *et al* (2006) revelaram que o grau de introgressão apresentava um gradiente oeste-leste). Aqui, fornecemos provas baseadas na variação dos traços corporais que seriam consistentes com este modelo de introgressão. MacHugh *et al* (1997) explicam esta situação pelo aumento da presença de moscas tsé-tsé à medida que se aproxima dos homólogos ocidentais. Os taurinos de Lobi encontram-se principalmente na zona Sudano-Guineense do Burkina Faso. Esta zona agro-ecológica caracteriza-se por um clima tropical húmido com florestas de galeria pontuadas por numerosos cursos de água. Este biótipo é favorável ao desenvolvimento da mosca tsé-tsé, vetor da tripanossomose (Dayo *et al.*, 2010). Dada a suscetibilidade dos zebuínos à tripanossomíase animal, as zonas de distribuição dos lobi taurinos não são facilmente acessíveis às populações zebuínas, o que poderia explicar a estrutura relativamente melhor e o carácter homogéneo dos lobi taurinos entre 2014 e 2018.

Na interpretação dos dados, há também que ter em conta razões culturais. No país Lobi, é necessário um touro Lobi puro para a cerimónia do dote. Este facto ajuda a manter um certo nível de pureza nas diferentes manadas. No entanto, as alterações climáticas em curso e a existência de programas de controlo como o PATTEC reduziram significativamente a densidade da mosca tse-tse no biótopo taurino-lobi. Este facto teria, portanto, favorecido a penetração do zebu nestes santuários. Além disso, apesar das barreiras naturais, alguns agricultores forçam o cruzamento entre zebuínos e taurinos. Ouedraogo *et al* (2020), tentando implementar um programa de seleção de base comunitária no sudoeste, observaram que os agricultores preferiam animais de grande porte, mais interessantes em termos de produção e mais adaptados à lavoura. Estes diferentes elementos explicariam a existência de touros Lobi mal classificados encontrados nas diferentes subpopulações de touros Gourounsi e isto em relação ao nível de cruzamento efectuado.

IV.2 Caracterização molecular dos taurinos do Burkina e das raças bovinas da África Ocidental

Nas populações taurinas do Burkina Faso, quase todos os loci selecionados apresentavam um mínimo de 4 alelos por locus. Os loci escolhidos, com exceção do INERA035, satisfazem todos a regra geral da FAO, segundo a qual os marcadores para estudos de diversidade devem apresentar pelo menos 4 alelos por locus. De acordo com este critério, 26 dos 27 loci utilizados neste estudo mostraram polimorfismo suficiente para avaliar a variabilidade genética nas diferentes populações de touros do Burkina Faso. As populações estudadas mostraram uma variabilidade genética substancial com base no número médio de alelos por locus e nos valores de heterozigotia observados. Um nível semelhante de diversidade foi registado nas populações bovinas do Níger (Grema *et al.*, 2017; Moussa *et al.*, 2019), do Senegal (Ndiaye *et al.*, 2015) e da Etiópia (Dadi *et al.*, 2008). No entanto, essas estimativas são inferiores às relatadas nas populações de gado sudanês (Hussein *et al.*, 2015), camaronês

(Ngono Ema *et al.*, 2014) e centro-africano (Ibeagha-Awamu *et al.*, 2004, Moazami Goudarzi et al., 2001). Das 81 combinações raça x locus testadas, 13,58% desviaram-se significativamente do HWE. 72,7% destes desvios deveram-se a um défice de heterozigotia. Os desvios do equilíbrio panmíctico devido a um défice de heterozigotia podem ser o resultado de uma subdivisão da população (Waples, 2015), que está relacionada com uma amostragem de indivíduos aparentes. Além disso, o efeito Walund poderia ser uma das possíveis causas do défice de heterozigotos observado, dado que as amostras foram recolhidas em diferentes localizações geográficas. Foram registados níveis semelhantes de desvios do equilíbrio panmíctico em populações de touros no Níger (14,8% de combinações raça x locus) (Moustapha et al. (2017). Com um FST médio estimado de 0,04, 4% da variação total observada nas populações de touros no Burkina Faso é atribuída a diferenças de raça. A FST global observada nos touros burquinenses foi muito inferior à registada nas populações sudanesas (FST = 0,084) (Hussein *et al.*, 2015) e camaronesas (FST = 0,061) Ngono Ema *et al.* (2014). Além disso, quando se considera a FST em pares por população, a maior diferenciação genética foi registada entre as sanguíneas Lobi e Gourounsi (FsT = 0,05). Este facto pode ser explicado pelo isolamento geográfico destas populações. De facto, o gado Lobi encontra-se na parte sudoeste do país, enquanto o gado Gourounsi se encontra na parte central do Burkina Faso. Em contrapartida, o Gourounsi Tenado e o Gourounsi Nahouri registaram o valor FsT mais baixo. Estes bovinos vivem no país Gourounsi e são vizinhos. Ibeagha-Awemu e Erhardt (2005) referiram que as populações domésticas vizinhas são geralmente pouco diferenciadas devido à existência de um fluxo genético significativo entre elas. Esta observação reflecte-se no fluxo genético estimado (Nm) entre pares de populações. A proximidade dos bovinos Gourounsi e a sua diferenciação genética relativamente baixa em comparação com os Lobi foram também observadas na árvore populacional, onde as populações de bovinos Gourounsi são agrupadas com base num valor de bootstrap elevado. A fraca estrutura do gado Gourounsi e a sua diferenciação em relação ao Lobi podem resultar de uma ou mais das seguintes razões: (i) isolamento reprodutivo, (ii) introgressão de gënes zebuínos (iii) diferenças no maneio dos rebanhos. Como já foi referido, a existência de barreiras geográficas entre os taurinos Lobi e Gourounsi afecta o fluxo genético. O gado Lobi encontra-se na zona mais húmida do país. Esta zona é típica do clima tropical sudanês, com savanas arbustivas e florestas de galeria. Estes tipos de vegetação são biótopos ideais para a proliferação da mosca tsé-tsé (Dayo *et al.*, 2010). Dada a sensibilidade do zebu à tripanossomíase, a zona de Lobi é de mais difícil acesso para o zebu, que é suscetível ao tripano. Em contrapartida, o gado Gourounsi encontra-se na região central do país, onde a pluviosidade é média. No entanto, os Gourounsi Nahouri vivem numa zona mais húmida. Por conseguinte, as diferenças entre os bovinos Lobi e Gourounsi podem estar ligadas à introgressão de genes zebuínos nas populações de bovinos Gourounsi. Esta última hipótese é apoiada pelos resultados do sTRUCTURE.

No presente estudo, as frequências alélicas foram utilizadas para efetuar a atribuição de genótipos com base em probabilidades e métodos Bayesianos. O gado Lobi foi atribuído de forma 100% correta em comparação com as populações mistas de gado Gourounsi. Estes resultados reflectem a fraca estrutura do gado Gourounsi, tal como demonstrado nos resultados anteriores.

Em comparação com as populações europeias e asiáticas, o gado bovino da África Ocidental apresenta um elevado nível de variabilidade genética, caracterizado por uma baixa consanguinidade e uma elevada variabilidade alélica. Alguns autores, como Thevenon *et al* (2007), explicam esta elevada diversidade genética pela existência de uma grande dimensão efectiva da população resultante dos efeitos de uma pecuária extensiva marcada pela ausência de seleção e dominada por práticas pastoris como o nomadismo ou a transumância, que favorecem esta variabilidade. Além disso, as raças da África Ocidental têm geralmente uma estrutura genética relativamente mais fraca do que as raças europeias e asiáticas. Esta estrutura está ligada à existência de um fluxo genético significativo entre as diferentes populações. Em contrapartida, as raças de touros tripanotolerantes apresentam uma estrutura genética mais forte. Esta observação pode ser atribuída à existência de uma forte pressão da mosca tsé-tsé, que tende a manter intacta a composição genética destas populações. É o caso dos taurinos de N'dama e de Lobi. Além disso, e tal como foi demonstrado para certas raças de touros no Burkina Faso, devem ser tidas em conta razões culturais para compreender melhor estas observações. De um modo geral, as raças zebuínas da África Ocidental caracterizam-se por valores baixos de FST e por um elevado fluxo genético entre elas, devido a uma elevada taxa de migração num sistema de criação transumante habitual (Freeman *et al.*, 2004; Dayo *et al.*, 2009).

CONCLUSÕES GERAIS E PERSPECTIVAS

Três populações de touros do Burkina Faso foram ëvaluëadas para variação nos traços corporais. Foi utilizado um modële baseado em variações temporais nas medidas morfológicas. A variabilidade dos traços corporais entre e dentro das populações mudou considërablement entre 2014 e 2018. Em 2014, as duas populações de touros Gourounsi (GourS e GourN) foram claramente diferenciadas. Além disso, foi demonstrada uma clara diferenciação entre os taurinos Gourounsi e Lobi; os Lobi eram de menor estatura em comparação com as populações de taurinos Gourounsi. Dentro das raças, os Gourounsi de Sanguie eram maiores do que os Gourounsi de Nahouri. As diferenças no seio das populações taurinas de Gourounsi devem-se provavelmente a diferenças no nível de introgressão dos genes zebuínos, sendo o GourS mais introgressado do que o GourN devido a uma menor densidade de moscas tse-tse na região de Sanguie. No entanto, em 2018, foi identificado um forte sinal de homogeneização nas populações de Gourounsi. Paralelamente à introgressão, registou-se também um aumento do fluxo genético entre os taurinos Gourounsi através da migração (transumância). Entre as raças, o gado Lobi parecia menos diferente em 2018. O aumento da introgressão do zebu devido às alterações climáticas e às preferências dos agricultores parece ter diluído a raça pura Lobi. No entanto, considerações culturais e a pressão relativamente elevada da tripanossomíase na área de criação de Lobi permitiram a manutenção de uma maior proporção de gado de raça pura. A investigação atual destaca a rápida erosão genética das populações de touros no Burkina. Esta situação é coerente com todas as outras populações de touros africanos. Estes bovinos possuem uma variedade genética única que merece ser protegida e plenamente explorada. A falta de programas adequados de seleção e conservação de touros é um problema importante que tem de ser resolvido. Consequentemente, as provas apresentadas neste estudo podem ser utilizadas para salvar as populações de gado taurino do Burkina Faso. O objetivo é pôr em prática estratégias sustentáveis de conservação e seleção nas populações de touros do Burkina Faso. A implementação de programas de seleção sustentáveis implica o registo do desempenho produtivo das raças de touros no Burkina Faso através de um estudo longitudinal. Além disso, poderiam também ser realizados estudos de associação utilizando marcadores SNP para identificar QTLs em relação ao desempenho animal, com vista a um programa de seleção genómica.

REFERÊNCIAS BIBLIOGRÁFICAS

Gatesy J., Yelon D., DeSalle R., Vrba E. S., 1992. Phylogeny of the *Bovidae* (Artiodactyla, Mammalia), based on mitochondrial ribosomal DNA sequences. *Molecular Biology and Evolution*, **9**(3):433-446.

Ajmone-Marsan P. Garcia. J.F. Lenstra. JA. 2010. On the origin of cattle: how aurochs became cattle and colonized the world. Evolutionary Anthropology: Issues, News, and Reviews. **19**(4): 148-157. https://doi.org/10.1002/evan.20267

Ajmone-Marsan P., Lenstra J. A., Kantanen J., e The European Cattle Genetic Diversity Consortium, 2007. Differentiation of European cattle by AFLP fingerprinting. *Animal Genetics*, 38: 60-66.

Alvarez I. Traore A. Fernandez I. Lecomte T. Soudre A. Kabore A. Tamboura H.H. Goyache F. 2014. Avaliação da introgressão de genes zebuínos do Sahel em raças nativas de Bostaurus no Burkina Faso. Relatórios de Biologia Molecular, 41: 3745-3754. DOI 10.1007/s11033-014-3239-x

Alvarez I. Traore A. Tamboura H.H. Kabore A. Royo L.J., Fernandez I., Ouedraogo-Sanou G., Sawadogo L., Goyache F. 2009. A análise de microssatélites caracteriza o Burkina Faso como uma zona de contacto genético entre as ovelhas Sahelian e Djallonkë. *Biotecnologia Animal*, 20: 47-57. https://doi.org/10.1080/10495390902786926

Anderson S., De Bruijn M.H., Coulson A.R., Eperon I.C., Sanger F. e Young I.G. 1982. Sequência completa do ADN mitocondrial bovino. Caraterísticas conservadas do genoma mitocondrial dos mamíferos. *J. Mol. Biol.* 156: 683-717.

Arber W., Linn S., 1969. Modificação e restrição do ADN. *Revisão Anual de Bioquímica*, 38: 467-500.

Arif I.A., Bakir M.A. e Khan H.A. 2012. Inferindo a filogenia de Bovidae usando sequências de DNA mitocondrial: poder de resolução de genes individuais em relação a genomas completos. *Evol. Bioinform,* 8: 139-159.

Baker N. 2005. Levels and Patterns of Genectic Diversity in Wild Populations and Cultured stocks of Cherax quadricarinatus (von Martens, 1868) (Decapoda: Parastacidae). Tese de doutoramento: B. App. Sci (Hons), Universidade de Tecnologia de Queensland, 123p. Banik S. e Gandhi R.S. 2010. Sire evaluation using single and multiple trait animal models in Sahiwal cattle. *Indian. J. Anim. Sci.* 80: 269-270.

Baudouin L., Lebrun P., 2001. Uma abordagem bayesiana operacional para a identificação de populações de fecundação cruzada sexualmente reproduzidas utilizando marcadores moleculares. In: DORE, C.; DOSBA, F.; BARIL, C. (Eds). *ISHS Ata Horticulturae 546* - Simpósio internacional sobre marcadores moleculares para a caraterização de genótipos e identificação de cultivares em horticultura. Montpellier, França: ISHS, 2001. p.81-94.

Belkhir K., Borsa P., Chikhi L., Raufaste N. e Bonhomme F. 2004. GENETIX 4.05, software Windows TM para genética populacional. Laboratoire Gënome, Populations, Interactions, CNRS UMR 5171, Universite de Montpellier II, Montpellier (França). Disponível em: "http://Kimura.univ-montp2.fr/genetix/constr.htm#download",

-Benefice E., Barral H., Doudet G. 1993. Systemes de production d^levage au Sënëgal dans la region du Ferlo. *Memento de I'Agronome*, 4: 1183-1191.

Bitgood J.J., Somes R.G., 1993. Mapa genético da galinha (Gallus gallus ou G. domesticus). Em: S.J. O'Brien (ed), Genetic maps, 4.332-4.342. Cold Spring Harbor Laboratory Press.

Blench R.M., MacDonald K.C. 2000. The origins and development of African livestock:

archeology, genetics, linguistics and ethnography. Nova Iorque: Routledge. https://doi.org/10.4324/9780203984239

Boichard D., Le Roy P., Leveziel H. e Elsen J.M., 1998. Utilisation des marqueurs moteculaires en gënëtique animale. *INRA ProdAnim* ,11 :67-80.

-Boujenane I., Petit D. 2016. Variabilidade morfológica entre e dentro da raça em raças de ovelhas marroquinas . *AnimalGeneticResources* , 58: 91-100. DOI: https://doi.org/10.1017/S2078633616000059

- Bradley D.G., MacHugh D.E., Loftus R.T., Sow R.S., Hoste C.H., Cunningham E.P. 1994. Variação zebu-taurina no ADN do cromossoma Y: um ensaio sensível para a introgressão genética em populações de bovinos tripanotolerantes da África Ocidental. *Animal Genetics*, 25 :7-12. https://doi.org/10.1111/j.1365-2052.1994.tb00048.x

Bruford M.W., Bradley D.G. e Luikart G. 2003. Os marcadores de ADN revelam a complexidade da domesticação do gado. *Nature Reviews Genetics*, 4: 900-910.

Chambers G.K. e Macavoy E.S. 2000. Microsatellites: consensus and controversy. Comparative Biochemistry and Physiology Part B, Biochemistry and Molecular Biology, *Elsevier*, **126**(4): 487-494.

- Charrad M., Ghazzali N., Boiteau V., Niknafs A. 2014. NbClust: um pacote R para determinar o número relevante de clusters em um conjunto de dados. *J. Stat. Soft,* 61:1-36. 328p. DOI: 10.18637/jss.v061.i06

Colville G. e Shaw T. 1950. Report of the Nigerian Livestock Mission to the Colonial Office (Relatório da Missão Pecuária da Nigéria ao Gabinete Colonial). *HMSO*, Londres, 58p.

Cornuet J.M. e Luikart G. 1996. Descrição e análise do poder de dois testes para a deteção de estrangulamentos populacionais recentes a partir de dados de frequência alélica. *Genetics*, 144:2001-2014.

Coyral-Castel S., Rame C., Fabre-Nys C., Monniaux D., Monget P., Fabre-Nys C., Monniaux D., Monget P. et Dupont J. 2009. Caracterização de vacas leiteiras portadoras dos haplótipos "fértil+/+" ou "fértil-/-" para um QTL de fertilidade feminina localizado no cromossoma 3. *Renc. Rech. Ruminants,* 16: 313-316.

Cushwa, W.T., Dodds K.G., Crawfer A.M. e Medrano J.F. 1996. Identificação e mapeamento genético de marcadores de ADN polimórfico amplificado aleatório (RAPD) para o genoma ovino. *Mann. Genome*, 7: 580-585

- Dadi H., Tibbo M., Takahashi Y., Nomura K., Hanada H., Amano T. 2008. A análise de microssatélites revela uma elevada diversidade genética mas uma baixa estrutura genética nas populações de bovinos indígenas da Etiópia. *Anim. Genet.* 39, 425-431.

Dayo G.K., Bengaly Z., Messad S., Bucheton B., Sidibe I., Cene B., Cuny G., Thevenon S. 2010. Prevalência e incidência de tripanossomíase bovina numa área agro-pastoril do sudoeste do BurkinaFaso . ResVetSci88 : 470-477. http://dx.doi.org/10.1016/j.rvsc.2009.10.010

De Marchi M., Dalvit C., Targhetta C. e Cassandro M. 2006. Avaliação da diversidade genética em raças autóctones de galinhas do Veneto utilizando marcadores AFLP. *Animal Genetics*, 37: 101-105.

De Meeus T., 2012. Initiation a la gënëtique des populations naturelles : Application aux parasites et a leurs vecteurs. Marselha, IRD Editions, *Collection Didactiques*. P:335.

De Meeus T., Bëati L., Delaye C., Aeschlimann A., Renaud F. 2002. Estrutura genética tendenciosa ao sexo no vetor da doença de Lyme, *Ixodes ricinus*. *Evolution,* 56: 1802-1807.

De Meeus T., Gueguan J-F. e Teriokhin A.T. 2009. MultiTest V.1.2, um programa para combinar binomialmente testes independentes e comparação de desempenho com outros métodos relacionados em dados proporcionais. *BMC Bioinformatics,* 10: 443. Disponível em: "http://www.biomedcentral.com/1471-2105/10/443", (consultado em 15 de junho de 2014).

De Meeus T., Koffi B.B., Barre N., De Garine-Wichatitsky M., Chevillon C. 2010. Adaptação simpátrica rápida de uma espécie de carraça bovina a um novo hospedeiro veado na Nova Caledónia. *Infect. Genet. Evol.* 10: 976-983.

Dieringer D., e Schlotterer C. 2003. MICROSATELLITE ANALYZER (MSA): uma ferramenta de análise independente da plataforma para grandes conjuntos de dados de microssatélites. *Mol. Ecol. Notes*, 3, 167-169.

Doutressoulle G., 1947. L'elevage en Afrique occidentale frangaise. Paris, Larose, 299 p.

Earl, Dent A. e vonHoldt, Bridgett M., 2012. STRUCTURE HARVESTER: um sítio Web e um programa para visualizar os resultados do STRUCTURE e implementar o método Evanno. *Conservation Genetics Resources* 4 (2) pp. 359-361. doi: 10.1007/s12686-011-9548-7

Edwards C.J., Bollongino R., Schen A., Chamberlain A., Tresset A. 2007. A análise do ADN mitocondrial mostra uma origem neolítica do Próximo Oriente para o gado doméstico e nenhuma indicação de domesticação de auroques europeus. *Proc. R. Soc. B.,* 274: 1377-1385.

Egito A. A., Fuck B.H., Mcmanus C., Paiva S. R., Albuquerque M.M., Santos S. A., Pinto De Abreu U. G., Da Silva J. A., De Souza S.F.T.P., Mariante A., 2007. Variabilidade genética do cavalo Pantaneiro utilizando marcadores RAPD-PCR. *R. Bras. Zootec*, **36** (4) 799-806.

Epstein H. 1971. The origin of the domesticated animals of Africa (A origem dos animais domesticados de África). Africana Publ. Corp, Nova Iorque, Londres, Munique, 1-719 pp.

-Evanno G., Regnaut S., Goudet J. 2005. Detectando o número de clusters de indivíduos usando a estrutura do software: um estudo de simulação. *Mol. Ecol.* 14,2611-2620.

Falush D. Stephens M., Pritchard J., 2003. Inferência da estrutura da população utilizando dados genotípicos multilocus: loci ligados e frequências alélicas correlacionadas. *Genetics.* 164. 1567-87. 10.3410/f.1015548.197423.

FAO (Organização das Nações Unidas para a Alimentação e a Agricultura). 2004. Diretrizes secundárias para o desenvolvimento de recursos genéticos nacionais de animais de criação utilizando microssatélites de referência. http://dad.fao.org./en/refer/library/guideline/marker.pdf.

-FAO, 2011. Diretrizes para a caraterização fenotípica dos recursos genéticos animais. Roma, 142p.

Felsenstein J. 1985. Confidence limits on phylogenies: An approach using the bootstrap. *Evolution,* 39: 783-791.

Felsenstein J. 1993. PHYLIP: Phylogeny inference package, versão 3.5. Departamento de Genética, Universidade de Washington, Seattle, Washington

Fernandez-Tajes J. e Mëndez J. 2007.Identificação das espécies de lingueirão *Ensis arcuatus*, *E. siliqua*, *E. diretus*, *E. macha*, e *Solen marginatus* utilizando a análise PCR-RFLP da região 5S rDNA. *J. Agric. Food Chem,* **55** (18) : 7278-7282. DOI : https://doi.org/10.1021/jf0709855.

Flores E.B., Maramba J.F., Aquino D.L., Abesamis A.F., Cruz A.F. e Cruz L.C. 2007. Avaliação do desempenho da produção de leite de búfalas leiteiras criadas em vários rebanhos

do Philippine Carabao Center. *Ital. J. Anim. Sci.* 6: 295-298.
-Freeman A., Bradley D.G., Nagda S., Gibson J.P., Hanotte O. 2006. Combinação de múltiplos conjuntos de dados de microssatélites para investigar a diversidade genética e a mistura de bovinos domésticos. *Anim. Genet.* 37:1-9. DOI: 10.1111/j.1365-2052.2005.01363.x
Gellin J., Grosclaude F., 1991. Analyse du дёпоте des espëces d^levage. Projeto d^tablissement de la carte gënëtique du porc et des bovins. *INRA Prod. Anim.* 4, 97-105.
Goudet, J. 2002. Fstat Vision (2.9.3.2): Um programa de computador para calcular estatísticas F. Journal of Heredity, 86, 485-486.
Bovidae Gray, 1821 in Pyle R (2019). ZooBank. Versão 1.505. Comissão Internacional de Nomenclatura Zoológica. DOI : https://doi.org/10.15468/wkr0kn.
Grema M., Traore A., Issa M., Hamani M., Abdou M., Soudre A., Sanou M., Pichler R., Tamboura H.H., Alhassane Y., Periasamy K., 2017. Diversidade genética baseada em repetições curtas em tandem (STR) e relação de gado indígena do Níger. *Arch. Anim. Breed,* 60, 399-408, 2017 https://doi.org/10.5194/aab-60-399.
Grodzicker T, Williams J, Sharp PA, Sambrook J., 1974. Mapeamento físico de mutações sensíveis à temperatura de adenovírus. Cold Spring Harbor Symp Quant Biol, 39: 439-46.
Grosclaude F., Aupetit R., Lefebvre J., Meriaux J.C., 1990. Essai d'analyse des relations gënëtiques entre les races bovines frangaises a l'aide du polymorphisme biochimique. *Genet. Sel. Evol.* 22: 317-338.
Guinko S. 1984. Vëgëtation of Upper Volta. Thëse de doctorat es sciences. Universite de Bordeaux III. Tomo I, pp. 394.
Guintard C., Mangin J-P., Lignereux Y., 2008. Origine et diversite des Bovines-Domestications et representations : l'exemple de la phi^lie. Confërences de l'Assembtee Generale du SIERDA. Pontarcher (Aisne), 2 de fevereiro de 2008, 1-31. Disponível em: "http://www.oniris-nantes.fr/fileadmin/redaction/Sierda/PDF/17_-_Guntard_et_al.pdf", (consultado em 18 de março de 2020).
Gwakiska, P.S., Kemp S.J. e Teale A.J., 1994. Caracterização das raças de gado Zebu na Tanzânia utilizando marcadores de ADN polimórfico amplificado aleatório. *Ani. Genet.* 25: 89-94.
Han S-H., Park S., OH H-S., Kang G., Park B-Y., Ko M-S., Cho S-R., Kang Y-J., Kim S-G. e Cho I-C., 2013. PCR-RFLP para a identificação de espécies de animais de criação de mamíferos. *J. Emb. Trans.* 28 (4): 355-360.
Hanotte Clutton-Brock J. 1989. O Gado no Norte de África Antigo. In: The Walking Larder Patterns of Domestication, Pastoralism, and Predation (ed. Clutton-Brock J), pp. 200-214.
Hanotte O., Bradley D.G., Ochieng J.W., Verjee Y., Hill E.W., Rege J.E. 2002. African pastoralism: genetic imprints of origins and migrations (Pastoreio africano: marcas genéticas de origens e migrações). *Science,* 296:336-339. DOI: 10.1126/science.1069878
Hassanin A. e Douzery E.J.P., 2005. Filogenias moleculares e morfológicas de Ruminantia e a posição alternativa dos Moschidae. *Biologia Sistemática* **52**(2):206-228.
Hiendleder S., Levalski H., Junke A., 2008. O genoma mitocondrial completo de *Bos taurus* e *Bos indicus* fornece novas perspectivas sobre a variação intra-espécies, a taxonomia e a domesticação. *Cytogenet. Genome Res.* 120: 150-156.
Hussein I.H., Alam S.S., Makkawi A.A.A., Sid-Ahmed S.E.A, Abdoon A.S., Hassanane M.S., 2015. Diversidade genética entre e dentro das raças de gado zebu sudanês usando marcadores

de microssatélites. *Research in Genetics*, 135483, https://doi.org/10.5171/2015.135483.
Ibeagha-Awemu E., Erhardt G. 2005. Genetic structure and differentiation of 12 African Bosindicus and Bostaurus cattle breeds, inferred from protein and microsatellite polymorphisms. *J Anim Breed Genet* 122:12-20. doi: 10.1111/j.1439-0388.2004.00478.x.
Ibeagha-Awemu E.M., Jann O.C., Weimann C., Erhardt G., 2004. Diversidade genética, introgressão e relações entre raças de bovinos da África Ocidental/Central. *Genet. Sel. Evol.* 36, 673-90.
IBM Corp. Lançado em 2019. IBM SPSS Statistics for Windows, Versão 26.0. Armonk, NY: IBM Corp.
INSD (Instituto nacional da estatística e da demografia), 2019. Anuário estatístico, 366p.
INSD (Instituto nacional da estatística e da demografia), 2016. O anuário estatístico do Burkina Faso 250p
Kalinowski S.T., Taper M.L. e Marshall T.C. 2007. Revisar a forma como o programa de computador CERVUS acomoda o erro de genotipagem aumenta o sucesso na atribuição de paternidade. *Molecular Ecology*, 16: 1099-1106. doi :http://dx.doi.org/10.111/j.1365-294X.2007.03089.X
Kantanen J., Vilkko J., Elo K. e Tanila A.M., 1995. Random amplified polymorphic DNA in cattle and sheep: Application for detecting genetic variation. *Anim. Genet,* 25: 315-320
Kassambara A. 2015. Factoextra: EXtrair e visualizar os resultados de análises de dados multivariados Pacote R Versão 1.0.3. Online http//www.sthda.com (Acedido em 14 de março de 2020)
Khan M., Rahim I., Rueff H., Jalali S., Saleem M., Maselli D., Muhammad S., Wiesmann U. 2013. Caracterização morfológica do búfalo Azikheli no Paquistão. *Animal Genetic Resources,* 52: 65-70. DOI: https://doi.org/10.1017/S2078633613000027
Khodaei Motlagh M., Roohani Z., Zare Shahne A. e Moradi M. 2013. Efeitos da idade ao parto, paridade, ano e estação do ano no desempenho reprodutivo do gado leiteiro nas províncias de Teerão e Qazvin. *Irão. Res. Opin. Anim. Vet. Sci.* 3: 337-342.
Kumar S., Stecher G., Li M., Knyaz C., Tamura K., 2018. MEGA X: Análise de genética evolutiva molecular em plataformas de computação. *Mol. Biol. Evol.* **35**(6):1547-1549 doi:10.1093/molbev/msy096
Kumari N., Singh L.B. e Kumar S., 2013. Caracterização molecular de cabras utilizando ADN polimórfico amplificado aleatório. *Am. J. Anim. Vet. Sci.* 8: 4549.
Lakouetene C. E. T., 1999. Elevage periurbain: les pratiques d'amëlioration gënëtique.
identificação de doenças específicas dos efectivos leiteiros. Memoire UPB/IDR (Bobo Dioulasso), 130 p.
Larrat R., 1988. Manuel des agents techniques de l'elevage tropical. [e]Coleção manuels et d^levage, 5 Edição, 534 páginas.
Lenstra J.A. e Bradley D.G., 1999. Systematics and Phylogeny of cattle (ed. R. Fries and A. Ruvinsky) CAB © International, 1-14.
Lenth R. 2019. Emmeans: Estimated Marginal Means, também conhecido como Least-Squares Means. 2019 R Package Version 1.3.4. Online: https://CRAN.R-project.org/package=emmeans. [(Acedido em 19 de maio de 2020)];
Lewontin R.C., Hubby J.L., 1966. A molecular approach to the study of genetic heterosigosity in natural populations. I. O número de alelos em diferentes loci em Drosophila pseudooscura. Genetics 54, 546-595.
Lhoste P., 1991.Cattle genetic resources of west Africa, in: Hickman C.G. (Ed.), Cattle

Genetic Resources, World Animal Science B: Disciplinary Approach, Elsevier, Amsterdam, pp. 73-88.

Linnaeus C. 1758. Espécie *Bos taurus*. *Systema Naturae,* Tomus I. Holnriae. Impensis Diret, LAURENT II SAL VII, **10** (1), 71p.

Loftus R.T., MacHugh D.E., Bradley D.G., Sharp P.M., Cunningham P., 1994. Evidence for two independent domestications of cattle, Proc. Natl. Acad. Sci.USA 91, 2757-2761.

Luikart G. e Cornuet J.M. 1998. Avaliação empírica de um teste para identificar populações recentemente estranguladas a partir de dados de frequência alélica. *Conservation Biology* **12**(1):228-237

MacDonald K.C., Hutton MacDonald R. 2000. As origens e o desenvolvimento de animais domesticados na África Ocidental árida. In: The Origins and Development of African Livestock: Archaeology,Genetics, Linguistics and Ethnography (ed. MacDonald KC), pp. 127-162. UCL Press, Londres. https://doi.org/10.1002/oa.576

MacEachern S., Mc Ewan J. e Goddard M. 2009. Reconstrução filogenética e identificação de polimorfismo antigo na tribo Bovini (Bovidae, Bovinae). *BMC Genet,* 10: 1471-2164.

MacHugh D.E., Larson G., Orlando L. 2017. Domando o passado: DNA antigo e o estudo da domesticação animal. *Revisão Anual de Biociências Animais.* 5: 329-351. https://doi.org/10.1146/annurev-animal-022516-022747

MacHugh D.E., Shriver M.D., Loftus R.T., Cunningham P., Bradley D.G. 1997. Microsatellite DNA variation and the evolution, domestication and phylogeography of taurine and zebu cattle (*Bos taurus* and *Bos indicus*). *Genetics* 146 :1071-1086.

Mahmoudi B., esteghamat O., Sharhriyar A. e Babayev M.S. 2012. Caracterização genética e análise de gargalo de cabras Korbi Jobnub Khorasan por marcadores de microssatélites. *J. Cell Mol. Ecol.* 10: 61-69.

Mahrous K.F., Ramadan H.A.I., Abdel-Aziem S. H., Abdel M. M. e Hemdan D. 2011. Variações genéticas entre raças de camelos utilizando marcadores de microssatélites e técnicas RAPD. *J. Appl. Biosci,* 39: 2626 - 2634.

Marshall F., Hildebrand E. 2002. Cattle before crops: the beginnings of Food production in Africa (O gado antes das culturas: os primórdios da produção alimentar em África). Journal of World Prehistory,16, 99-143. DOI: 10.1023/A:1019954903395

Martin G.B., Williams J.G. e Tanksley S.D. 1991. Identificação rápida de marcadores ligados a um gene de resistência a Pseudomonas no tomateiro, utilizando iniciadores aleatórios e linhas quase isogénicas. *Proc. Natl. Acad. Sci.* 88: 2336-2340.

Mason I.L. 1951. A classificação do gado da África Ocidental. Técnica de comunicação nº 7. Commonwealth Bureau of Animal Breedina and Genetics. Commonwealth Agricultural Bureaux, Farnham Royal (Inglaterra).

Meselson M., Yuan R. 1968. Enzima de restrição do ADN de E. Coli. *Nature*, 217 : 1110-1114

Ministério dos Recursos Animais (MRA) 2005. Documento Nacional/Iniciativa Elevage Pauvretë Croissance (IEPC).125p.

Moazami-Goudarzi K., Belemsaga D.M.A., Geriotti G., Liloc' D., Fagbohoun N.T., Kouagou I., Sidibe I., Codjia V., Crimella M.C., Grosclaude F., Toure S.M. 2001. Caractdrisation de la race bovine Somba a l'aide de marqueurs moldculaires. *Elev. Med. Vet. Pays Trop*, **54**(2): 129138. DOI: 10.19182/remvt.9791

Morammazi S., Torshizi Vaez R., Rouzbehan, Sayyadnejad M.B. 2007. Estimativas dos parâmetros genéticos para a produção e as caraterísticas dos búfalos do Khuzestan. *Irão. Ital.*

j. *Anim. Sci.* 6: 421424.
Moussa M.M.A., Grema M., Tapsoba A.R.S, Issa M., Amadou T., Marichatou H., Pichler R., Soudre A., Sanou M., Tamboura H.H., Yenikoye A., Periasamy K. 2019. Análise da diversidade genética da raça bovina Bororo (Wodaabd) do Níger usando marcadores de microssatélites. *Int. J. Biol. Chem. Sci.* **13**(2): 1109-1126. DOI : http://ajol.info/index.php/ijbcs.
[a]MRA (Ministere des Ressources Animales) ,Burkina Faso Burkina Faso, Ministere des Ressources Animales (MRA), 2012 . Statistiques du secteur de l'dlevage.-Ouagadougou: Dierection Gdndrale de la prdvision des statistiques et de l'd'economie de l'dlevage. 155p
MRA (Ministere des Ressources Animales) ,Burkina Faso, 2003. Relatório nacional sobre o estado dos recursos genéticos animais no Burkina Faso. 74 páginas.
MRA (Ministere des Ressources Animales) ,Burkina FasoBurkina Faso, Mini stere des Ressources Animales (MRA), 2012b. Contribution de l^levage a l^conomie et a la lutte contre la pauvretë, les dëterminants de son dëveloppement, 72 p.
Nianogo AJ, Sanfo R, Kondombo SD. Neya SB, 1996. Le point sur les ressources gënëtiques en тañëre d'elevage au Burkina Faso. *Informação sobre Recursos Genéticos Animais* (AGRI), FAO/UNEP, 13-31.
N'Goran K.E., Yapi- Gnaore C.V., Fantodji T.A. e N'Goran A. 2008. Caracterização fenotípica e caraterísticas produtivas de vacas leiteiras de três regiões da Costa do Marfim. *Zootec Arch* 57: 415-426.
Najimi B., EL Jaafari S., Jlibene M. e Jacquemin J.M. ,2003. Application des marqueurs moteculaires dans l'amëlioration du Ыё tendre pour la résistance aux maladies et aux insectes. *B.A.S.E.*, 7, 17- 35.
Ndiaye N.P., Sow A., Dayo G.K., Ndiaye S., Sawadogo G.J., Sembene M. 2015. Diversidade genética e relações filogenéticas em raças bovinas locais do Senegal com base em marcadores de microssatélites autossómicos. *Mundo Veterinário*, 8: 994-1005. DOI: 10.14202/vetworld.2015.994- 1005
Ndumu B.D., Baumung R., Hanotte O., Wurzinger M., Okeyo M.A., Jianlin H., Kibogo H., Solkner J. 2008. Caracterização genética e morfológica do gado Ankole Longhorn na região africana dos Grandes Lagos. *Genet. Sel. Evol.* 40: 467-490 DOI: 10.1186/1297-9686-405-467
Negrini R., Nijman I. J., Milanesi E., Moazami-Goudarzi K., Williams J. L., Erhardt G.,Dunner S., Rodellar C., Valentini A., Bradley D. G., Olsaker I., Ajmone-Marsan P., Lenstra J. A. , Kantanen J., e The European Cattle Genetic Diversity Consortium 2007. Differentiation of European cattle by AFLP fingerprinting. *Animal Genetics*, 38, 60-66.
Ngono E.P.J., Manjeli Y., Meutchieyië F., Keambou C., Wanjala B., Desta A.F., Ommeh S., Skilton R., Djikeng A. 2014. Diversidade genética de quatro bovinos indígenas dos Camarões usando marcadores de microssatélites. *Jornal de Ciências Pecuárias*, 5: 9-17.
Nijman I.J., Otsen M., Verkaar E.L., De Ruijter C. e Hanekamp E. 2003. Hybridization of banteng (*Bos javanicus*) and zebu (*Bos indicus*) revealed by mitochondrial DNA, satellite DNA, AFLP and microsatellites. *Hereditariedade*, 90: 10-16.
OECD, CEDAO, 2008. A pecuária e o desenvolvimento regional no Sahel e na África Ocidental: potencialidades e desafios. Capital : Abuja OCDE. 163pp.
Oosterhout C.V., William F.H., Wills D.P.M., Shipley P. 2004. Nota do programa: Microchecker: Softaware para identificar e corrigir erros de genotipagem em dados de microssatélites. *Mol. Ecol. Notes*, 4: 535-538.
Ouedraogo A., 1989 Contribution a l'etude de la synchronisation des chaleurs chez la femelle

Baoule (Bos taurus) au Burkina Faso. Tese de Doutoramento em Veterinária. Universite Cheikh Anta Diop, Dakar, 117 pp.
Ouedraogo D., Soudre A., Ouedraogo-Kone S., Zoma B.L., Yougbare B., Khayatzadeh N., Burger P.A., Meszaros G., Traore A., Okeyo M.A.,Wurzinger M., Solkner J. 2020. Objectivos e práticas de criação em três sistemas de produção de raças bovinas locais no Burkina Faso com implicações para a conceção de programas de criação. *Livestock Science,* vol. 232, 103910. Doi :https://doi.org/10.1016/j.livsci.2019.103910
Oumarou A. 2004. "Production laitiere et croissance du zëbu Azawak en milieu reel: suivi et ëvaluation technique a miparcours du projet d^ appui a l^levage des bovins de races Azawak en zone agropastorale au Niger Thëse de Doctorat en Mëdecine Veterinaire, Ecole Inter-Etats des Sciences et Mëdecine Vëtërinaires de Dakar, Universite Cheikh Anta Diop de Dakar, Sënëgal, p. 82.
Paetkau D., Calvert W., Sterling I., Strobeck C. 1995. Microsatellite analysis of population structure in Canadian polar bears. *Mol. Ecol.* 4, 347-354.
Payne W.J.A. 1970. Cattle Production in the Tropics (Produção de Gado nos Trópicos). Volume 1. Longman Group Limited London. 336 p.
Perez-Pardal L., Royo L.J., Beja-Pereira A., Curik I., Traore A., Fernandez I., Solkner J., Alonso J., Alvarez I., Bozzi R., Chen S., Ponce de Leon F.A., Goyache F. 2010. Microssatélites específicos de Y revelam uma subfamília africana em gado taurino (Bos taurus). *Anim. Genet.* 41:232241. 10.1111/j.1365-2052.2009.01988.x
Perez-Pardal L., Sanchez-Gracia A., Alvarez I., Traore A., Ferraz J.B.S., Fernandez I., Costa V., Chen S., Tapio M., Cantet R.J.C., Patel A., Meadow R.H., Marshall F.B., Beja-Pereira A., Goyache F. 2018. Os legados da domesticação, do comércio e da mobilidade dos pastores moldam a diversidade do gado zebu masculino existente no sul da Ásia e em África. *Sci. Rep.* 8:18027. doi: 10.1038/s41598-018-36444- 7.
Pinart-van der Laan M.H. 2000. A procura de QTL utilizando marcadores: projectos e resultados em ovinos e galinhas. *INRA Prod.* HS, 229-232.
Pinde S., Tapsoba A.S.R., Traore F.G., Ouedraogo R.W., Ba S., Sanou M., Traore A., Tamboura H.H., Simpore J. 2020. Perfis morfo-biométricos da galinha local no Burkina Faso. *Int. J. Biol. Chem. Sci.* **14**(6): 2240-2256.
Piry S, Luikart G, Cornuet, JM, 1999. BOTTLENECK, um programa informático para detetar reduções recentes do tamanho efetivo da população a partir de frequências de dados de alelos. *J Hered*, 90. 502-503
Piry S., Alapetite A., Cornuet J.M., Paetkau D., Baudouin L., Estoup A. 2004. GeneClass2: Um software para atribuição genética e deteção de migrantes de primeira geração. *J. Hered*, 95, 536539.
Pitt D., Sevane N., Nicolazzi E.L., MacHugh D.E., Park S.D.E., Colli L., Martinez R., Bruford M.W., Orozco-terWengel P. 2018. Domesticação do gado: dois ou três eventos?.eventos? *EvolAppl*,12(1):123-136. doi: 10.1111/eva.12674.
Planchenault D, 1987. L'elevage In: Elevage et potentialites pastorales saheliennes. Syntheses cartographiques. Burkina Faso = Criação de animais e potencialidades pastorais sahelianas. Síntese cartográfica. Burkina Faso. CIRAD-IEMVT - FRA.Wageningen :Wageningen: CTA-CIRAD-IEMVT, 18-22. ISBN 2-85985-121-6
Pritchard J.K., Stephens M., Donnelly P. 2000. Inference of population structure using multilocus genotype data. *Genetics*, 155, 945-959.
Queval R., Petit J.P., 1982. Polimorfismo bioquímico da FlK'nioglobina em populações de

bovinos tripanosensíveis e tripanotolerantes e seus cruzamentos na África Ocidental. *Rev. Elev. Med. Vet. Countries Trop.* 35 (2): 137-146.

Equipa principal do R 2013. R: Uma linguagem e um ambiente para a computação estatística. R Foundation for Statistical Computing, Viena, Áustria. URL http://www.R-project.org/.

Randi E., Fusco G., Lorenzini R., Toso S., Tosi G., 1991. Allozyme divergente e relações filogenéticas entre Capra, Ovis e Rupicapra (Artiodactyla, Bovidae). *Hereditariedade* 67, 281-286.

Rannala B. e Mountain J.L. 1997. Detecting immigration by using multilocus genotypes, P. Natl. *Acad. Sci. EUA*, 94, 9197-9201.

Raymond M. e Rousset F. 1995. GENEPOP (versão 1.2): software de genética populacional para testes exactos e ecumenismo. *J. Hered*, 86, 248-249.

Rege J.E.O., 1992. Recursos genéticos animais africanos: sua caraterização, utilização e conservação. In: Rege J.E.O. and Lipner M.E (eds), Proceedings of the Research Plan Workshop held at ILCA, Addis Ababa, Ethiopia, 19-21 February 1992, ILCA (International livestock centre for Africa), Addis Ababa, Ethiopia, 164p.

Rege J.E.O., Aboagye G.S., Tawah C.L. 1994. Shorthorn cattle of West and Central Africa I. Origem, distribuição, classificação e estatísticas populacionais. *World Anim. Rev.* 78:1-14. https://hdl.handle.net/10568/5441

Robertson A. e Hill W.G. 1984. Deviations from Hardy-weinberg proportions: sampling variances and use in estimation of inbreeding coefficients. *Genetics,* 107: 713-718.

Rousset F. 2008. GENEPOP'007: uma reimplementação completa do software GENEPOP para Windows e Linux. *Mol. Ecol. Resour.* 8: 103-106.

Equipa do RStudio, 2020. RStudio: Desenvolvimento Integrado para R. RStudio, PBC, Boston, MA URL *http://www.rstudio.com/.*

Saitou N. e Nei M. 1987. O método de junção de vizinhos: um novo método para reconstruir árvores filogenéticas. *Mol. Biol. Evol.* 4: 406-425.

Salifou C F A, Dahouda M, Ahounou G S, Kassa S K, Tougan P U, Farougou S, Mensah G A, Salifou S, Clinquart A e Youssao A K I 2012 Avaliação dos traços de carcaça de touros Lagunaire, Borgou e Zebu Fulani criados em pastagem natural no Benim. *O Jornal de Ciências Animais e Vegetais*. 22 (4), 857-871.

Sanoga W. A. 2003. Classification, sëllection et dëtermination de la valeur gënëtique des bovins laitiers en ëlevage përiurbain. Mëmoire specialite zootechnie UPB/IDR (Bobo-Dioulasso) . 70 pp.

Sere C. e Steinfeld H. 1996. World livestock production systems: current status, issues and trends. Animal production and health paper No. 127. Roma, FAO. 51pp.

Seydou B., 1981: Contribution a l'etude de la production laitiere du zëbu Azawak au Niger. Faculte de mëdecine et de pharmacie de Dakar) tese, 102 pp.

Sokouri D.P., Loukou N.E., Yapi-Gnaore C.V., Mondeil F. Gnangbe F. 2007. Caracterisation phënotypique des bovins a viande (Bos taurus et Bos indicus) au centre (Bouake) et au nord (Korhogo) de la Cote d'Ivoire. *Animal Genetic Resources Information*. 40: 43-53

Steffen P, Eggen A, Dietz AB, Womack JE, Stranzinger G, Fries R., 1993. Isolamento e mapeamento de microssatélites polimórficos em bovinos. *Anim Genet*, **24**(2):121-4.

Tamura, K., Stecher, G., Peterson, D., Filipski, A., & Kumar, S. 2013. MEGA6: Análise de genética evolutiva molecular versão 6.0. *Molecular biology and evolution*, *30*(12), 27252729. https://doi.org/10.1093/molbev/mst197.

Teriokhin A.T., De Meeus T., Guegan G. F. 2007. Sobre o poder de algumas modificações

binomiais do teste múltiplo de Bonferroni. *Zh. Obshch. Biol (J. Gener. Biol)*, 68 : 332-340.
Thiruvenkadan A.K, Jayakumar V., Kathiravan P., Saravanan R. 2014. Arquitetura genética e análises de gargalo da raça de cabras Salem Black com base em marcadores de microssatélites. *Vet. World*, 7: 733-737.
Traore A., Alvarez I., Fernandez I., Perez-Pardal L., Kabore A., Ouedraogo-Sanou G.M.S., Zare Y., Tamboura H.H., Goyache F. 2012. Determinação dos padrões de fluxo genético em populações de animais vivos de países em desenvolvimento: um estudo de caso na cabra do Burkina Faso. *BMC Genetics*, 13:35. doi:10.1186/ 1471-2156-13-35
Traore A., Alvarez I., Tamboura H.H., Fernandez I., Kabore A., Royo L.J., Gutierrez J.P., Ouedraogo-Sanou G., Sawadogo L., Goyache F. 2009. Caracterização genética de cabras do Burkina Faso utilizando polimorfismo de microssatélites. *Livestock Science*, 123, 322- 328. doi:10.1016/j.livsci.2008.11.005
Traore A., Koudande D.O., Fernandez I., Soudre A., Alvarez I., Diarra S., Diarra F., Kabore A., Sanou M., Tamboura H.H., Goyache F. 2016. Caracterização multivariada de caraterísticas morfológicas em touros de gado da África Ocidental. *Arch. Anim. Breed*, 59, 337-344, 2016. doi:10.5194/aab-59-337-2016
Vaiman D., 2000. Estabelecimento de cartes genéticos. *INRA Prod Anim*, HS, 73-78.
Vaiman D., Barendse W., Kemp S.J., Sugimoto Y., Armitage S.M., Williams J.L., Sun H.S., Eggen A., Agaba M., Aleyasin S.A., Band M., Bishop M.D., Buitkamp J., Byrne K., Collins F., Cooper L., Coppettiers W., Denys B., Drinkwater R.D., Easterday K., Elduque C., Ennis S., Erhardt G., Li L A., 1997. Mapa de ligação genética de média densidade do genoma bovino. *Mammalian Genome*. 18: 21-28.
Van Haeringen WA, Den Bieman M, Gillissen GF, Lankhorst AE, Kuiper MT, Van Zutphen LF, Van Lith HA. 2001. Mapeamento de um QTL para o colesterol HDL sérico no coelho utilizando a tecnologia AFLP. *J Hered* ;92(4):322-6.
Vos P., Hogers R., Bleeker M., Reijans M., Van De Lee T., Hornes M., Frijters A., Pot J., Peleman J., Kuiper M., Zabeau M., 1995. AFLP: uma nova técnica de impressão digital de ADN. *Nucleic Acids Research*, 23, 4407-4414.
Wahlund S.1928. Zusammensetzung von populationenund korrelationsers-chinungen von standpunkt der vererbungslehre ans betrachet. *Hereditas*, 11: 65-108.
Waples R.S. 2015. Testes para proporções de Hardy-Weinberg: Será que perdemos o enredo. *J. Hered*, 106, 1-19.
Weber J.L. e Wong C. 1993. Mutação de repetições curtas em tandem humanas. *Human Molecular Genetics*, 2,1123-1128.
Weir B.S. e Cockerham C.C. 1984. Estimating F-statistics for analysis of population structure. *Evolution*, 38: 1358-1370.
Wendorf F. e Schild R. 1994. O gado do início do Holocénico no Sara Oriental é doméstico ou selvagem? *Evol. Anthropol.* 3: 118-128.
Wintero A.K., Fredholm M., Thomsen P.D. 1992. Variable (dG-dT)n.(dC-dA)n sequences in the porcine genome. *Genomics*, **12**(2): 281-288.
Wolf C., Rentsch J. e Hubner P. 1999. Análise de DNA mitocondrial por PCR-RFLP: um método confiável para identificação de espécies. *J. Agric. FoodChem*, **47** (4) : 1350-1355.
Wright S. 1951. A estrutura genética das populações. *Ann. Eugenics*, 15: 323-354.
Wright S. 1965. The interpretation of population structure by F-statistics with special regard to system of mating. *Evolution*, 19: 395-420.
Wright S. 1969. Evolution and the Genetics of Populations. The theory of Gene Frequencies.

University of Chicago Press, Chicago, Vol 2.

Yahaya Z.I., Dayo G.K., Maman M., Issa M., Marichatou H. 2019. Cara^risação morfobiomëtrica do Djelli zëbu do Níger. *Int. J. Biol. Chem. Sci.* **13**(2): 727-744. DOI: http://ajol.info/index.php/ijbcshttp://indexmedicus.afro.who.int.

Youssao I., Tobada P., Koutinhouin B., Dahouda M., Idrissou N., Bonou G., Tougan U., Ahounou S., Yapi-Gnaore C.V., Kayang B. 2010. Caracterização fenotípica e polimorfismo molecular de populações de aves de capoeira indígenas da espécie Gallus gallus de ecótipos de Savana e Floresta do Benim. *Revista Africana de Biotecnologia* **9**(3): 369-381. DOI : https://doi.org/10.5897/AJB09.1220.

Zerabruk M, Li M-H, Kantanen J, Olsaker I, Ibeagha-Awemu EM, Erhardt G, Vangen O. 2012. Diversidade genética e mistura de gado indígena do Norte da Etiópia: implicações de introgressões históricas na região de entrada em África. *Anim Genet.* 43:257-266. doi: 10.1111/j.1365-2052.2011.02245.x

APÊNDICES

Apêndice 1: Ficha de medição

MEDIÇÕES FENOTÍPICAS

FORMULÁRIO DE INQUÉRITO INDIVIDUAL
MEDIÇÕES FENOTÍPICAS

IDENTIFICAÇÃO DO INVESTIGADOR	
Nome completo :	**Número do questionário :**
Data do inquérito : //	Província :
Aldeia/Sítio:	**Código do sítio**
Coordenadas geográficas	
Recinto : Longitude : Latitude :	**Hora do inquérito**
Parque: Longitude: Latitude :	Início : Fim :

IDENTIFICAÇÃO DE ANIMAIS
Identificação: Data de nascimento : ______// Idade: Sexo : MП FD
Tipo genético : Baoule □ Gourounsi □ Zebu □
Data de entrada no efetivo : ______//Modo de entrada: Nascimento □ Compra □
Tipo genético da mãe: Baoule □ Gourounsi □ Zebu □
Identificação da mãe :
Tipo genético do pai : Baoule □ Gourounsi □ Zebu □
Identificação do pai:

MEDIDAS DA CABEÇA E DA TROMPA

Comprimento da cabeça	
Comprimento do crânio	
Comprimento do rosto	
Largura da cabeça	
Largura do crânio	
Largura da face	
Circunferência do focinho	
Comprimento dos chifres	
Distância Pointe-pointe Corne	
Distância Base-Base Horn	
Comprimento da orelha	

er eme* Ligar o питёго de ordem ao питёго de efetivo: por exemplo Numero d'ordre 1.3 para 1 efetivo e 3 animais na província.

MEDIDAS DO CORPO

Altura ao garrote	
Profundidade do peito	
Altura até ao sacro	
Comprimento escápulo-isquiático	
Comprimento do corpo	
Comprimento da piscina	
Largura da anca	
Largura do ísquio	

Comprimento da cauda	
Perímetro torácico	
Espaço para os ombros	
Largura do peito	
Altura da lombada	
Comprimento da teta	
Pesos de fita métrica	
Peso da balança	

Printed by Books on Demand GmbH, Norderstedt / Germany